原子力政策への提言（第一分冊）

原子力発電所が二度と過酷事故を起こさないために

―国、原子力界は何をなすべきか―

◆監修：原子力発電所過酷事故防止検討会編集委員会

科学技術国際交流センター
JISTEC

JN146098

●原子力発電所過酷事故防止検討会編集委員会

委　員　長　齋藤　伸三　元原子力委員会委員長代理、元日本原子力研究所理事長等

委員長代理　宮野　廣　法政大学大学院デザイン工学研究科客員教授（元日本保全学会副会長）

委　　　員　村松　健　東京都市大学工学部原子力安全工学科客員教授

幹　　　事　小田　公彦　（公社）科学技術国際交流センター専務理事

幹　　　事　小岩井忠道　（国研）科学技術振興機構サイエンスポータル編集長

顧　　　問　阿部　博之　（国研）科学技術振興機構顧問（元東北大学総長、元総合科学技術会議議員）

発刊にあたって

わが国に大災害をもたらした東日本大震災から、早くも5年を迎えようとしています。その復興は鋭意進められていますが、未だ多くの方々が仮設住宅に住まわれており、原子力事故を起こした東京電力の福島第一原子力発電所の後始末もこれからです。

原子力エネルギーは、有用なエネルギー源であると同時に、潜在的に放射性物質という脅威を持つエネルギーでもあります。一方、世界ではこの有用なエネルギーを一層活用しようとする大きな流れがあります。このような情勢の中で、世界は一丸となって、原子力利用において更なる安全を確保していかなければなりません。

私たちは、福島第一の原子力事故という稀有な経験をし、多くの知見を得ました。これを国内の原子力発電所の安全確保に生かしていくことはもちろん、世界の原子力利用において潜在的に持つ脅威を低減させ、原子力安全を確保することに貢献することは、私たちの重大な責任と考えます。

本書は、「原子力発電所過酷事故防止検討会」での議論の成果として平成二五年四月二二日に発行した報告書を元に、改めて原子力政策への提言として発刊するものです。検討会では、福島の事故を反省し、原子力の過酷事故を二度と起こさないためになにをすべきかを議論し提言として報告書にまとめました。

報告書の作成から早三年が経過しようとしています。原子力関係者の間には、事故の反省やここに述べている提言を忘れ、敬遠しようとする風潮さえ感じられます。原子力発電所の再稼働が緒に着いた今、原子力関係者に、改めて原子力再生のためには福島第一発電所事故を原点として、それぞれがなすべきことを再度熟慮して行動して頂きたく、本書の発刊がそのきっかけとなることを願うものです。また、専門家に限らず多くの方にはご一読されて、原子力の安全確保に関する取り組みをご理解いただき、原子力に目を向ける参考としていただければ幸いです。

平成二八年一月二〇日

原子力発電所過酷事故防止検討会編集委員会

謝辞

本検討は、(一財)新技術振興渡辺記念会のご支援のもと、(一社)技術同友会の活動の一環として行ったものであり、同会及び同会事務局のご尽力に深く感謝する。また、(公社)科学技術国際交流センターの事務局を含めてご尽力にも感謝する。更に、活動に対して広い見地よりご意見をいただいた外部専門家の方々にはこの場を借りて感謝の意を表するものである。

原子力発電所過酷事故防止検討会委員（平成二五年四月現在）

（委員）

齋藤　伸三（主査）　元原子力委員会委員長代理、元日本原子力研究所理事長等

杉山憲一郎　北海道大学名誉教授（元原子力安全委員会専門審査会審査委員）

中原　豊　（株）三菱総合研究所　常勤顧問

成合　英樹　筑波大学名誉教授（元原子力安全基盤機構理事長）

宮崎　慶次　大阪大学名誉教授（元総合エネルギー調査会原子炉安全小委員会委員）

宮野　廣　法政大学大学院デザイン工学研究科客員教授（元日本保全学会副会長）

（呼びかけ人）

阿部　博之　（国研）科学技術振興機構顧問（元東北大学総長、元総合科学技術会議議員）

（支援の専門家）

村松　健　東京都市大学工学部原子力安全工学科特任教授

松本　昌昭　（株）三菱総合研究所科学・安全政策研究本部原子力事業グループ主任研究員

（オブザーバー）

松浦祥次郎　（一社）原子力安全推進協会代表（元原子力安全委員会委員長）

石田　寛人　（一社）技術同友会代表幹事

沖村　憲樹　（国研）科学技術振興機構顧問

干場　静夫　元東京大学大学院工学系研究科特任教授

まえがき

原子力発電所過酷事故防止検討会　呼びかけ人
同　編集委員会顧問
阿　部　博　之

二〇一一年三月一一日のM９の巨大地震とそれに伴う大津波は東日本を襲い、東京電力福島第一原子力発電所は、大量の放射性物質を排出する未曾有の過酷事故（重大事故）を引き起こした。二〇一二年に入り、福島第一原発に対する事故調査報告書が相次いで刊行された。代表的なものは、東京電力の報告書と、いわゆる民間、国会、政府の三つの事故調査報告書である。

これらのうち東京電力の報告書は、自社の責任追及への対応の難しさからか、事故原因の追及に限界があることを示している。これに対して三つの事故報告書は、すでに報道等によって発表されていた事実関係を改めて確認すると共に、様々な新事実を明らかにしている。もちろん被災した原子炉内部を直接観察できる状況にはない。このことをも含めて事故原因の詳細がすべて明らかになったわけではない。

さてこれからの日本について考える。南海トラフでは、三・一一と同様、M９級の巨大地震とそれに伴う大津波の可能性が指摘されている。原子力発電所は、稼働を始めたもの、停止中のもの、さらに終息に向けて作業中のもの（福島第一）に大別されるが、稼働中は危険で、停止中は安全であるという単純な線引きがあるとすれば、それは正しくない。

また仮に、日本が原子力発電所をすべて廃止することにしたとしても、隣国も含めて世界には多数の原子力発電所が稼働しており、また建設中のもある。過酷事故防止の検討と原発の安全保持の提言は、福島第一の事故を引き起こした日本の責任ではないだろうか。

福島第一の過酷事故は、どうすれば未然に防ぐことができたのであろうか。どのような対策が必要だったのであろうか。そこでは科学的／技術的検討に絞った作業が先ずは求められる。前述の三つの事故報告書においては、この種の究明はかならずしも十分ではなかったので、それらを補う作業でもある。

現時点では、原子炉内部の被災状況の把握には限界があるが、冷却機能の維持など過酷事故の未然の防止に焦点を絞れば、検討は可能であると考える

原子力発電が、少なくとも第一義的には、科学技術の成果物であることを考えると、科学者／技術者、中でもその推進や安全等に係わってきた科学者／技術者にとって、過酷事故の原因の解明は責務である。彼らの中には、事故の反省に立つ強い責任感を持ち、これからの原子力安全のために生涯を捧げたいと考えている人もいる。本検討会の委員は、そのような科学者／技術者からなっている。し

かし、もし仮に時としてみられるように、自己弁護の解明になってしまったら、科学者／技術者の倫理に悖ることは明白であり、筆者は、本検討会の委員がこのことを十分に認識しているものと確信している。

科学者の責任について付言する。日本の原発安全に行き渡っていた安全神話に〃絶対安全〃がある。科学的には存在しない概念であり、したがって極めて危険である。

各国は、世界の原発の大小の事故を教訓にして、安全を高める様々な対策を講じてきた。しかし、日本のように絶対安全を認めてしまうと、諸々の制約が課せられるため対策は困難になり、また万が一事故が起きた場合を想定した訓練もできなくなる。このような危険な概念である安全神話を容認ないし甘受してしまった日本の科学者の責任は大きい。このことは原発の専門家だけでなく、それを取り巻く分野の科学者の責任でもある。

科学技術の成果物には、必ずや安全上のリスクがある。このリスクに科学的に向き合い、リスクを多面的かつシステマティックに軽減していくことが過酷事故を防止し回避する本道ではないだろうか。福島第一の過酷事故の解明や対策に加えて、科学に裏付けられた安全設計／管理の基本的な考え方の再構築が必要であり、また急がれる。

本書は二つの分冊からなる。原子力政策への提言（第一分冊）は、〃国、原子力界は何をなすべきか〃と題する冊子であり、その内容は、〃原子力発電所過酷事故防止検討会報告書〃である。〃報告書〃は、世界の評価に耐える、原子力発電所の安全工学の再構築を目指したものである。〃報告書〃の要点の一部を、原子力の専門家でない筆者なりに噛み砕いて紹介する。

人工物の安全には押しなべてリスクがある。リスクは潜在的危険であり、「事故が起きる確率」と「起きた場合の被害の大きさ」の掛け算という表現もある。原子力発電所の安全の基本はリスクを認めることから始まる。リスクはゼロにはならないが、努力によって小さくすることは可能である。なおリスクの評価に当たっては、想定外を無くすことが肝心である。以下箇条書きにする。

ａ．安全の数値目標の想定には幅がある。

発電所の建設に際しては、立地条件に加え、地震や津波などの外力を考慮する。これらの条件や外力は、種々のデータに基づき科学的に想定することになるが、その値は明確に一つの数値で表されるものではなく、不確実さ（不確かさ）のためにある幅を持っている。外力に限らず、人工物の強さにも不確実さが存在する。もちろん信頼すべきデータの蓄積によって、不確実さの幅を縮小することが期待されるが、それでも幅は存在する。この幅がリスクをもたらす大きい要因である。

ｂ．外力が想定の数値を超えても過酷事故に至らないように設計し、建設し、運用（運転／停止）する。

ｃ．どの程度のリスクを許容するかには、国民的な受容ないし合意が必要である。これを踏まえて具体的な安全目標を設定する。

ｄ．前項までのリスク管理にもかかわらず、想定を大きく超える外力が作用するか、あるいは予想外の人的事象が生じるか、のような極めて確率の小さい場合をも考える。それでも過酷事故を防止し続けるよう、ハード、ソフト両面の準備をしておく。またそのような希少の場合に備えて常時訓練する。

すなわち、〝報告書〟は原発の過酷事故を防ぐ考え方を示している。

〝報告書〟の一年後の二〇一四年三月に、原子力学会から〝福島第一原子力発電所事故　その全貌と明日に向けた提言―学会事故調　最終報告書〟が刊行された。そこでは上記〝報告書〟と類似の過酷事故防止にかかる記述／提言が随所に見られ、それらの点は多としたい。ただし事故の根本原因の分析は残念ながら不十分といわざるを得なかった。しかしながら原子力学会の会員には様々な利害関係者が含まれていることを考えると、一定の努力のあとは窺える。

以上、原発の安全にはリスクの認識が不可欠であるが、どの程度のリスクまで許容するかは、科学者／専門家だけではなく、住民、自治体、政治家、メディアなどの関係者の合意が必要である。しかしながらリスクに基づく安全の理解は、実は容易ではない。とくに絶対安全に慣れてきた日本人にとって、絶対安全が否定された今日においても、リスクの理解には努力が必要である。この課題に挑戦したのが、〝防災までを共に考える原子力安全〟と題する、第二分冊である。第一分冊（〝報告書〟）と併せてご一読願えれば幸いである。

目次

要旨

（背景）

膨大なエネルギーを発生する核分裂反応は、原子力発電として人類に利便性の高い豊かな生活をもたらしてきた。一方、原子力発電のリスクというのはなにか。それは核分裂反応に伴って発生する核分裂生成物に由来する。核分裂生成物の約90％は放射性物質であり、核分裂反応を止めてもそれぞれの半減期に応じて崩壊する際に熱（崩壊熱）を発生し、この熱を十分に除去出来なければ、核燃料とともに核分裂生成物を閉じ込めている被覆管が破損し、最悪な場合、環境に放射能を放出することになる。東京電力福島第一原子力発電所事故は、「放射能リスク」の大きさを改めて認識させたのである。東京電力福島第一原子力発電所の事故は、原子力発電にかかわりを持つ事業者（電力）、国、メーカは元より、学術界、地方自治体など全てのステークホルダーが、安全最優先を意識しつつも、それぞれの役割における責任の自覚が薄く「原子力安全」の本質に取り組んでこなかったことが第一の要因であると考える。その反省に立って、事態の調査、分析、評価を行い、今後の対応へ活かしていかなければならない。その上で、東京電力福島第一原子力発電所の後処理と原子力発電の安全確保の理念と目標を再構築し、安全を最優先する文化を根付かせ、それに基づいて運用する体制や仕組みを作ることが必要であり、国際社会と協働しつつ、これに取り組むことが大災害を教訓とする我が国の責務であると考える。

（事故のポイント）

二〇一一年三月一一日のマグニチュード9（M9）の東北地方太平洋沖地震の発生に伴い一〇〇〇年に1回と言われる大きな津波が発生し、東日本の太平洋側に位置する原子力発電所は大小の差はあれ被災した。東京電力福島第一原子力発電所では、複数地震に起因する複数の津波の重畳により想定を大きく超える高さ約15ｍの津波が施設を襲い、全ての電源、冷却系の機器がその機能を喪失した。

東京電力福島第一原子力発電所は敷地高さ10ｍに対して、浸水高さ15．5ｍと多くの設備が損壊、浸水し機能を逸し、全交流電源の喪失に始まり、ポンプなどの冷却設備の機能喪失、引き続く直流電源の喪失、最終的な熱の逃し場（ヒートシンク）の喪失等により炉心燃料の崩壊熱除去ができず、燃料の損傷溶融を招いた。1号機で付随的に発生した水素爆発は、他号機のアクシデントマネジメント対応を遅らせ、2、3号機における崩壊熱の適切な除去を不可能とする事態となり、多くの放射性物質を大気、海洋に放出する結果となった。

（二度と過酷事故を起こさないために）

第一に、原子力安全のための基本理念と目標を再構築して（例えば、「原子力安全の基本的考え方について－第Ⅰ編　原子力安全の目的と基本原則」（日本原子力学会）等を参照）全てのステークホルダーがこれを共有し、それぞれの責務を果たすことが肝要である。第二に、従来の設計基準事故を超える事象に対する発生防止及び万一、発生した場合にその緩和に関する新たな考え方を構築し、それに従った対策を講じ、システムとしての安全を確保する仕組みを確立して、運転プラントに適用することである。設計基準を超える事態（過酷事故またはシビアアクシデントと言う事態であり、これに対処することをアクシデントマネジメントと言う。）には、事象の様々な進展シナリオに対応するアクシデントマネジメントの仕組みを構築するとともに、常に新たな知見に対しては確実に対応することが求められる。第三に、アクシデントマネジメントの対応は、何時までにどの機能を回復すれば過酷事故を防止出来るかあるいは緩和出来るかを評価し、その手順を提示することが重要であり、このためには、総合的に必要な機能の回復を考える概念の導入が望まれる。また、複雑化した手順の実効性を確実にするための電子化による手順の提示と手引きが必要である。第四に、設計基準事故を越える事象に遭遇した際に、事態の収束に当たっては指揮者、運転員等の高い能力が求められる。基本的な教育、訓練は元より、常に安全を最優先とする安全文化の醸成、人材交流の活性化、資格制度の強化などが求められる。今回の事故の教訓より、例えばプラント毎に過酷事故防止を常に考える専門職を置く等の仕組みが必要である。同時に能力、資質の高い専門職、運転員を配置するために、原子力発電プラントはその複雑さ、リスクを考慮し、重大な責任を持つ位置づけとした資格制度を導入し、責任に見合った待遇で処する仕組みを整備するとともに、責任の所在を明確にする必要がある。第五に、規制機関は、事業者が実施するアクシデントマネジメントに関し、その実効性をハード、ソフト両面から遺漏なく検査、監視を行うことが求められる。また、事業者、規制機関は、アクシデントマネジメントについて、それぞれ、あるいは協働して、常に、必要な見直しを行い、その改善に努めることが肝要である。

（提言）

既存の原子力発電所の稼働については、東京電力福島第一原子力発電所の事故がもたらした影響に鑑みれば、設計基準事故を超える著しい燃料の損傷を伴う過酷事故対策に継続的に取組む新たな仕組みが不可欠である。このためには、大規模な地震・津波の襲来に対する対策を確実なものとするとともに、他の要因による過酷事故への対策を含めて、それぞれの発電所の設計、立地等の条件を考慮して、逐次、適切に充実させることが必要である。また、重要なことはこれらの対応を躊躇することなく迅速に判断、決定すべきものと考える。

更に、どのような対策を取ろうとも、他産業等と同様に原子力発電も絶対安全はなくリスクは存在する。上記の対応は、そのリスクを最小化するべきものであることを、原子力発電がもたらす便益とともに国民の理解を得るコミュニケーションに積極的に取組むことが重要である。

提言1：如何なる自然災害、人為事象も「想定外」として済まされない。原子力安全を確保するためには「想定外」を無くす努力こそが大切である。

提言2：原子力安全の確保の体系を確立し、その運用のための安全審査指針・基準類を既成概念に捉われずに見直し、世界的に高く評価されるレベルのものとする。

提言3：全ての原子力関係者はそれぞれの役割において自らの責務を認識し、原子力安全の確保を第一として取り組む。特に、規制機関は、広く専門家の意見を聞きつつ過酷事故の発生防止と、万一、発生した場合の影響緩和に関する根本原則を策定する。事業者は、このための過酷事故の防止・緩和対策の具体化を図り、常に緊張感を持って、その実効性ある実施に取り組む。

提言4：国および事業者はそれぞれあるいは協働して、また、原子力を専門とする科学者、技術者は関係する学会等を軸として、原子力発電について広く国民とのリスクコミュニケーションを行い、原子力発電の有する便益とリスクに関し国民のコンセンサスを得る活動を推進する。

以下に具体策としての提言を示す。

提言5：規制機関は、過酷事故の防止・緩和対策の計画及び検査を規制対象とする。その対策の検討に当たっては、あらゆる内的事象（人的過誤等含む）、自然現象、人為事象に起因する過酷事故を対象から排除せず、規制機関は、専門家及び事業者とともに過酷事故の発生防止と影響緩和のために多種多様な設備等の活用を含めた対応の組み合わせを想定し、実効性ある方策（アクシデントマネジメント）を構築する。

提言6：過酷事故の防止・緩和に対応する安全確保の機能は、共通要因故障を排除した高い信頼性を確保すること、また、そのためには位置分散による独立性や、安全機能の多様性による独立性の確保などの考慮を行う。

提言7：アクシデントマネジメントの具体策例としては、恒設設備では対応不可能な事態に万が一至ったとしても柔軟な対応が可能なものとする。このため、可搬式設備、移動式設備（車両に据え付けた設備）を備え、接続口は多重性を持たせるなど、いかなる事態に対しても柔軟に対応できるようにする。

提言8：事業者は原子力発電所に、原子力発電システムを熟知し、事故時における原子炉の状況を的確に把握または推測し、適切な判断をし、なすべき作業を指示出来るアクシデントマネジメント専門職を置く。

提言9：事業者は、アクシデントマネジメントの手順書を現場で一つひとつ確認して作成し、それに基づき従事者の教育、あらゆる環境下での訓練を徹底する。

提言10：規制機関は、上記に関し遺漏なく検査、監視を行う。また、事業者、規制機関は、それぞれ、あるいは協働して、常に、必要な見直しを行い、アクシデントマネジメントの改善に努める。

1　はじめに

平成二三年三月一一日、我が国における最大級のマグニチュード9（M9）の東北地方太平洋沖地震が発生した。これは、北は三陸沖から南は銚子沖までの全長450km、幅200kmもの地殻が60－70mも動くという変動が発生し、未曾有の津波が東日本を襲い、多くの発電所が被災した。東京電力福島第一原子力発電所には高さ15mに及ぶ津波が押し寄せ、原子炉の燃料を冷やすことが出来ず大量の放射性物質を敷地外に放出する未曾有の原子力発電所事故を発生させた。

地震の発生に伴い東日本の太平洋岸に立地する稼働中の12基全ての原子力発電プラントで制御棒全数が自動的に挿入され、停止モードに入ったことが確認されている。東京電力福島第一原子力発電所の2、3号機、東北電力女川原子力発電所1、2、3号機では、一部の地震動が基準値を超えてはいたが、異常や損傷は認められていない。一方、津波の高さは女川原子力発電所、福島第一原子力発電所、東京電力福島第二原子力発電所、日本原子力発電東海第二原子力発電所の全ての原子力発電所で、設置許可時の値はもちろん、最新の見直し値を上回るものであった。女川原子力発電所では約13mと極めて大きなものであったが、発電所設置位置が14・8m（1mの地盤沈下後は13・8m）と僅かの余裕で大きな難は免れた。また東海第二原子力発電所では、直前に実施した津波対策の冷却設備の防水壁工事の主要部分が完了していたことにより設備の機能が維持され、原子炉は無事冷温停止に至った。福島第二原子力発電所では、津波高さは8m程度で敷地高さ12mよりも低いものではあったが、浸水高さは14・5ｍと高く残留熱除去系を含む多くの設備は被害にあったが、仮設電源や仮設の海水ポンプを設置するなど過酷事故対応（アクシデントマネージメント）が功を奏し冷温停止にまで持っていくことができた。

東京電力福島第一原子力発電所の事故調査に関し、国、民間等で実施された各事故調査委員会の調査結果のうち、論点となる部分を中心に以下に示す。

東京電力福島原子力発電所事故調査委員会（**国会事故調**）、東京電力福島原子力発電所における事故調査・検証委員会（**政府事故調**）、福島原発事故独立検証委員会（**民間事故調**）が、なお、詳細な事故原因究明を必要とする点が残されており継続した調査の必要性を訴えつつ、平成二四年七月二三日までに、それぞれの報告書をまとめ終了した【参1、2、3】。

各報告書は、論点の立て方は異なるものの、現地調査、関係者からの聞き取り調査等を行い、シビアアクシデント（過酷事故と同義、従来、国はシビアアクシデントの用語を用いてきた。しかし、原子力規制委員会設置法では「重大事故」としている。）に対する基本的認識、特に、内部事象に起因するシビアアクシデントのみを対象としてきたこと、地震、津波に対する事前の対策や全交流電源喪失に対する認識の甘さ等をまず挙げている。そして、事故時の対応として、発電所内事故対応、官邸・規制当局・オフサイトセンター・東京電力本店等の危機対応がすべからく不十分であり、指揮命令系統が極めて混乱していたと指摘している。発電所内事故対応では、特に、1号機の非常用復水器（ＩＣ）の活用に関する理解不足と不十分な訓練が炉心溶融に至った大きな原因であり、また、格納容器ガスベントを迅速に行えなかったことが事態を決定的に悪化させ水素爆発につながったとしている。ただし、**国会事故調**は地震により一次系配管の小規模破損があり、ICを使用しなかったことは合理的な判断であったとしているが、これは他の調査には見られない点であり、原子力安全・保安院等におけるその後の詳細な分析・評価において一次系配管の破損は否定されている。また、2号機については、原子炉隔離時冷却系（RCIC）作動中の3日間に代替冷却手段の準備を進めていなかったこと、3号機では高圧注水系（HPCI）の代替冷却手段を確保すること等なく停止したこと等指摘している。その他、原子力緊急事態発生時における上記の関係部署の対応の不備、混乱、住民避難の指示不徹底等々及びそれらの原因に言及しているが省略し、ここでは、広く過酷事故発生防止に関して、どの程度詳細に提言しているかを整理することにする。

国会事故調は、シビアアクシデント対策の対象が内部事象（運転上のミス等）に限定され、外部事象（地震、津波等）、人為事象（テロ等）を対象外とし、長時間の全交流電源喪失を想定していなかったことを問題点として指摘している。また、シビアアクシデント対策を規制対象とせず、事業者の自主対策としたため対策の実効性が乏しくなったとしている。規制当局が、深層防護について5層のうち3層までしか対応していないとの認識を持ちながら、必要な措置を怠ったことや、九・一一テロ後、米国では全電源喪失に対する機材の備えと訓練を義務付ける規制（B.5.b）を導入した事実を知りながら、日本の規制には反映させなかったことも問題点として指摘している。しかし、国会事故調は、広く過酷事故を抽出し、今後に向けた明確なあるべき対策は議論していない。提言6原子力法規制の見直しの3）において「原子力法規制が、内外の事故の教訓、世界の安全基準の動向及び最新の技術的知見等が反映されたものになるよう、規制当局に対して、これを不断かつ迅速に見直していくことを義務付け、その履行を監視する仕組みを構築する。」と述べるに止まっている。

政府事故調は、国会事故調と同様に、外部事象を含めたシビアアクシデント対策の重要性を指摘している。さらに、提言において、1．主要な問題点の分析の（4）事故の未然防止策や事前の防災対策に関する分析の項で、総合的リスク評価とシビアアクシデント対策の必要性を指摘している。総合的リスク評価の必要性においては、「施設の置かれた自然環境は様々であり、発生頻度は高くない場合であっても、地震、地震随伴事象以外の溢水・火山・火災等の外的事象及び従前から評価の対象としてきた内的事象をも考慮に入れて、施設の置かれた自然環境特性に応じて総合的なリスク評価を事業者が行い、規制当局等が確認を行うことが必要である。」としている。また、総合的なリスク評価を踏まえたシビアアクシデント対策の策定では、「原子力発電施設の安全を今後とも確保していくためには、外的事象をも考慮に入れた総合的安全評価を実施し、様々な種類の内的事象や外的事象の各特性に対する施設の脆弱性を見いだし、それらの脆弱性に対し、設計基準事象を大幅に超え、炉心が重大な損傷を受けるような場合を想定して有効なシビアアクシデント対策を準備しておく必要がある。また、それらの対策の有効性について、確率論的安全評価（ＰＳＡ）等の手法により評価する必要がある。」としている。これらの指摘は極めて妥当であるが、政府事故調は、各内容の詳細な検討は行ってなく、また、あくまで事業者が主体で実施し、規制機関は、その妥当性を確認すると言う姿勢をとっている。

民間事故調も、シビアアクシデント対策の不備を問題視しており、日本においてシビアアクシデント対策が十分に進まなかった背景として、原子力安全規制がハード面の構造強度を重視する一方、リスクを定量的に扱う取り組みが遅れていた点等を指摘しているが、今後のあり方については具体的な提言を行っていない。

また、東京電力を含め、その他、様々な機関でも事故に関する調査分析がなされ異なった視点での報告がされている【参４、５】。

ここでは、これまでに得られた情報や活動の軌跡を広い視野から分析し、「なぜ、過酷事故（シビアアクシデント）を起こすことになってしまったのか」、「二度と同様の事故を起こすことのないようにするには、何が重要な課題であるのか」の観点から検討し提言にまとめている。我が国の狭小な国土と地震・津波の多い自然条件及び人口が稠密な社会条件を勘案し、過酷事故を防止し、あるいは、万一、過酷事故が発生しても周辺住民に放射能による著しい被害をもたらさないような安全性の高い原子力発電所とする努力の必要性についても言及している。事故の再発防止には、失敗から学ぶこととともに成功事例から学ぶこともまた重要である。

一方、原子力規制委員会が新安全基準の策定に当たっていることに鑑み、先行して過酷事故発生防止策を検討し提案することを主題とし、防災対策等の検討は第二分冊にて論じる。

本誌の元となった「原子力発電所過酷事故防止検討会」での議論は、平成二五年一月二三日には中間報告書にまとめ、プレス発表を行うとともに原子力規制委員会に報告した。また、原子力規制委員会が「新安全基準」案に関し、平成二五年二月七日より二月二八日までパブリックコメントを募集したことに応え、本検討会の意見をまとめ二月二六日に原子力規制委員会に説明した。なお、上記中間報告の要約を日本原子力学会誌「アトモス」の解説「二度と原子力発電所過酷事故を起さないために原子力発電所過酷事故防止対策の提言」と題して、平成二五年五月号（第55巻第5号）に掲載された。

また、文中、原子力に馴染みのない方には耳慣れない専門用語を多々用いているので、末尾に用語説明を付した。

2　我が国の過酷事故対策はどのように行われてきたか

2・1　TMI事故、チェルノブィリ事故を踏まえた原子力安全委員会における検討及び決定

シビアアクシデント（過酷事故）という用語はTMI事故以来使われており、国際的にも幾つかの定義があるが、OECD／NEAの定義に基づけば、「シビアアクシデントとは、設計基準事象を大幅に超える事象であって、安全設計の評価上想定された手段では適切な炉心の冷却又は反応度の制御ができない状態であり、その結果、炉心の重大な損傷に至る事象をいう。シビアアクシデントの重大さは、この損傷の程度や格納施設の健全性の喪失の程度による。」とされている。ここで、設計基準事象とは、「原子炉施設を異常な状態に導く可能性のある事象のうち、原子炉施設の安全設計とその評価に当たって考慮すべきものとして抽出された事象」と定義している。

TMI事故（一九七九年）、チェルノブィリ事故（一九八六年）の発生に伴い、原子力安全委員会は、それぞれ、事故調査特別委員会を設置し、事故原因の究明と国内プラントへの教訓の反映を行った。一方、TMI事故後、格納容器検討ワーキンググループ、水素ガス対策ワーキンググループを共通問題懇談会の下に設置した。前者のワーキンググループでは、米国、欧州の動向も踏まえて、発電用軽水型原子炉施設を対象とし、国際的検討状況の考察、それまでの安全研究の結果得られたシビア

アクシデント現象に関する知見の整理、確率論的安全評価（ＰＳＡ）に基づく我が国の代表的プラントを対象としたシビアアクシデントに対する安全裕度の確認等を行い、その結果を共通問題懇談会に報告した（**第２－１図参照**）。

原子力安全委員会は、平成四年三月五日、原子炉安全基準専門部会共通問題懇談会（以下、「同懇談会」という。）から「シビアアクシデント対策としてのアクシデントマネジメントに関する検討報告書－格納容器対策を中心として－」（以下、「報告書」という。）を受けた【参６】。これは、近年、シビアアクシデントへの拡大防止対策及びシビアアクシデントに至った場合の影響緩和対策（以下、アクシデントマネジメント、略してＡＭという。）が発電用軽水型原子炉施設の安全性の一層の向上を図る上で重要であると認識されていること、また、アクシデントマネジメントの一部としての海外諸国において格納容器対策が採択され始めていることを踏まえ、我が国が採るべき考え方について検討を行ったものである。

原子力安全委員会としては、報告書の内容を検討した結果下記の方針で対応を行うこととした。また、原子炉設置者及び行政庁においても、同方針に沿って一層の努力をされるよう要望した。その内容は以下の通りである。

我が国の原子炉施設の安全性は、現行の安全規制の下に、設計、建設、運転の各階において、イ．異常の発生防止、ロ．異常の拡大防止と事故への発展の防止、及びハ．放射性物質の異常な放出の防止、といういわゆる多重防護（深層防護と同義）の思想に基づき厳格な安全確保対策を行うことによっ

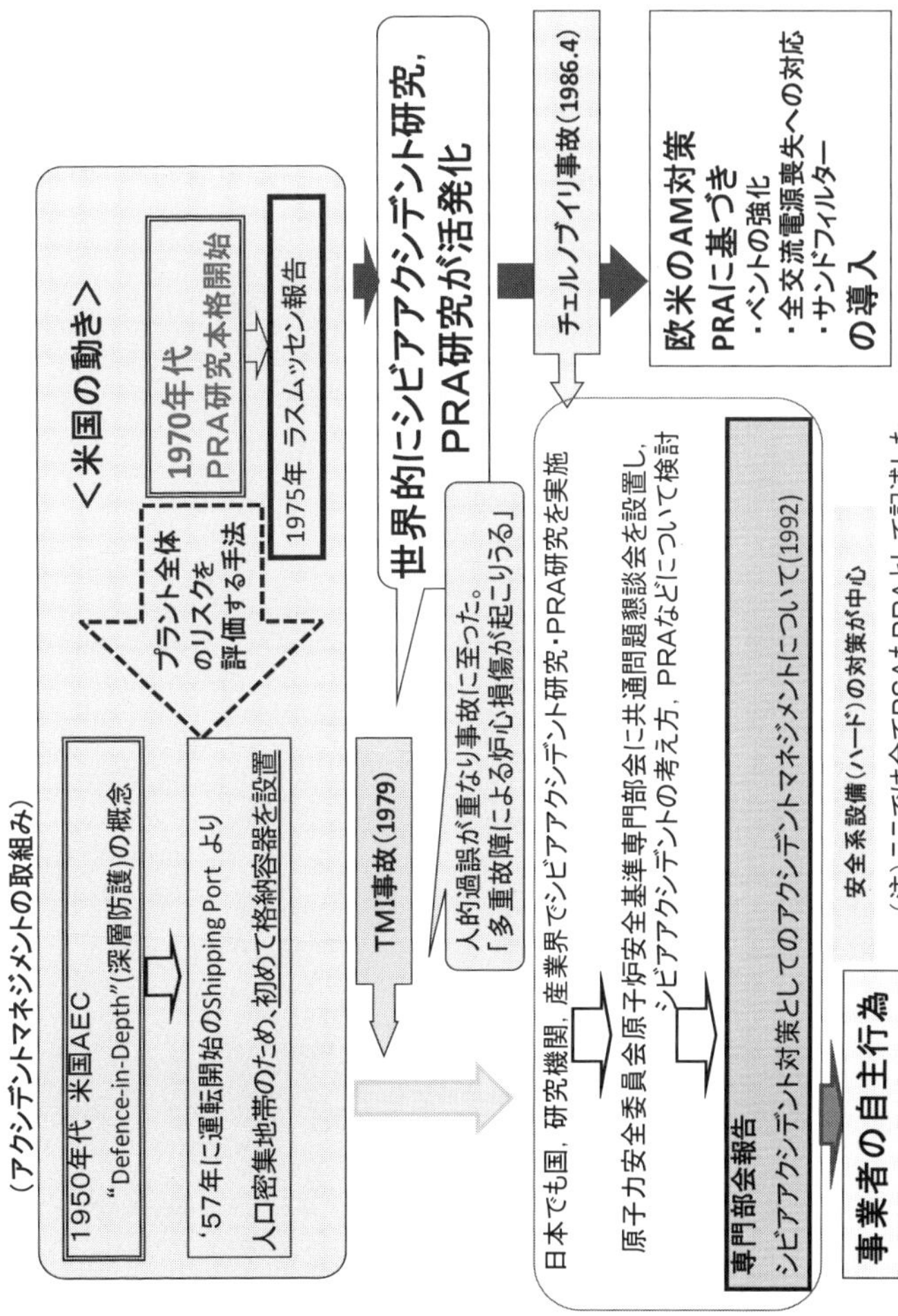

（アクシデントマネジメントの取組み）
1950年代　米国AEC
“Defence-in-Depth”(深層防護)の概念
‘57年に運転開始のShipping Port より
人口密集地帯のため、初めて格納容器を設置
＜米国の動き＞
プラント全体のリスクを評価する手法
1970年代
PRA研究本格開始
1975年 ラスムッセン報告
TMI事故(1979)
世界的にシビアアクシデント研究，PRA研究が活発化
人的過誤が重なり事故に至った。
「多重故障による炉心損傷が起こりうる」
チェルノブイリ事故(1986.4)
欧米のAM対策
PRAに基づき
・ベントの強化
・全交流電源喪失への対応
・サンドフィルター
の導入
日本でも国，研究機関，産業界でシビアアクシデント研究・PRA研究を実施
原子力安全委員会原子炉安全基準専門部会に共通問題懇談会を設置し，シビアアクシデントの考え方，PRAなどについて検討
専門部会報告
シビアアクシデント対策としてのアクシデントマネジメントについて(1992)
安全系設備(ハード)の対策が中心
事業者の自主行為

（注）ここでは全てPSAもPRAとして記述した。

第 2-1 図　過酷事故（シビアアクシデント）への対応の変遷

て十分確保されている。これらの諸対策によってシビアアクシデントは工学的には現実に起こるとは考えられないほど発生の可能性は十分小さいものとなっており、原子炉施設のリスクは十分低くなっていると判断される。アクシデントマネジメントの整備はこの低いリスクを一層低減するものとして位置づけられる。従って、原子力安全委員会は、原子炉設置者において効果的なアクシデントマネジメントを自主的に整備し、万一の場合にこれを的確に実施できるようにすることは強く奨励されるべきであると考えるとした。我が国の取り組みについて**第２－２図**に示す。

２・２　原子力安全委員会決定に従った通商産業省及び事業者の対応

通商産業省は、原子力安全委員会の決定を受けて、平成四年七月に電気事業者に対して、当時は規制的措置を要求するものではないとした上で、従来から実施してきている自主的な保安措置としてアクシデントマネジメントの整備を進めるように要請した。なお、当時の原子力安全規制は、経済産業省原子力安全・保安院が所管していた。

これを受けて東京電力株式会社は、福島第一原子力発電所に関しても原子力発電所運転中における設備の故障等により発生する異常事象（内部事象）を対象とした確率論的安全評価（ＰＳＡ）を全プラントに対して実施した。このＰＳＡから得られた知見、及びシビアアクシデント時の事象に関する当時の知見等に基づき、原子力発電所の安全を一層向上させることを目的として、さらなるアクシデントマネジメントの整備を行う方針をとりまとめ、平成六年三月に通商産業省に「アクシデントマネ

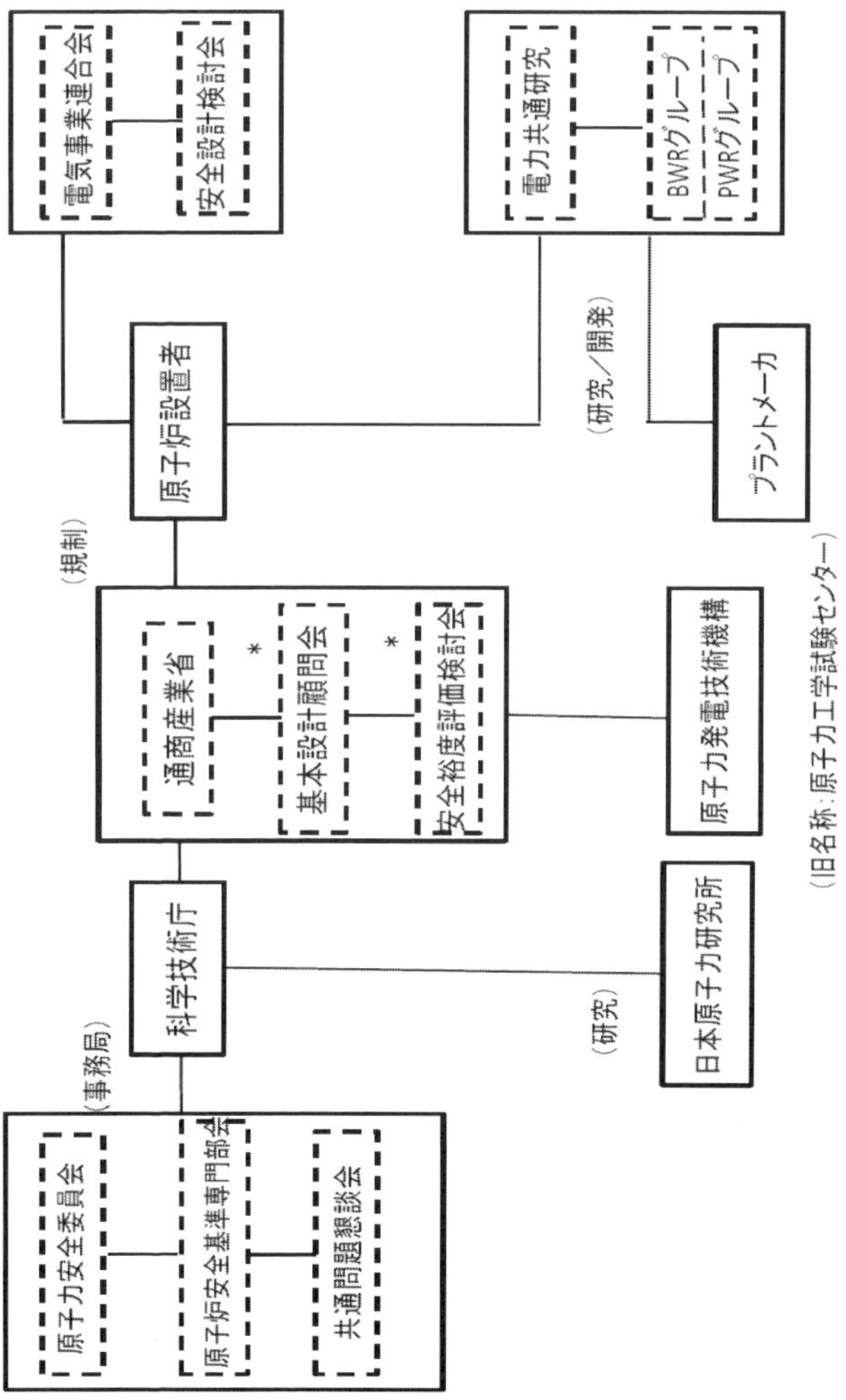

＊今後「総合予防保全顧問会」を新設して、具体的対策を検討する。

第2-2図　シビアアクシデントに対する我が国の取り組み（平成4年当時）【参7】

ジメント検討報告書」として報告した。

その後、「アクシデントマネジメント検討報告書」において摘出したアクシデントマネジメント策の整備、及び実施体制、手順書類、教育等の運用面の整備が完了したことから、平成一四年五月にその整備内容を「アクシデントマネジメント整備報告書」として経済産業省（旧通商産業省）に提出した【参8】。この整備したアクシデントマネジメントによって、炉心損傷頻度及び格納容器破損頻度が適切に低減され、原子力発電所の安全性向上に対して有効なものとなっていることを定量的に確認したとしている。整備済み報告書は既設の原子力発電所ごとに提出されているが、東京電力福島第一原子力発電所に関する具体的内容の概要は以下の通りである。

2・2・1　アクシデントマネジメント策の整備

福島第一原子力発電所の1号炉は電気出力460MWのBWR－3型、2～5号炉は電気出力784MWのBWR－4型、6号炉は電気出力1100MWのBWR－5型の原子炉施設である。

整備したアクシデントマネジメント策は、「原子炉停止機能」、「原子炉及び格納容器への注水機能」、「格納容器からの除熱機能」、及び「安全機能のサポート機能」の4つの機能に分類される。整備したアクシデントマネジメントを、従来から整備しているアクシデントマネジメント策とあわせて**第2－1表～第2－3表**に示す【参8】。

第 2-1 表　整備したアクシデントマネジメント策のまとめ（１号炉）

機能	今回（平成6年3月以降）整備した アクシデントマネジメント策	従来から整備しているアクシデントマネジメント策
原子炉停止機能	○代替反応度制御（RPTおよび（RPT及びARI）	○手動スクラム ○水位制御及びほう酸水注入系の手動操作
原子炉及び格納容器への注水機能	○代替注水手段（復水補給水系、消化系ポンプによる原子炉・格納容器への注水手段）	○ECCS等の手動起動 ○原子炉の手動減圧及び低圧注水操作 ○代替注水手段（給復水系、制御棒駆動水圧系による原子炉への注水手段、海水系ポンプによる原子炉・格納容器への注水手段）
格納容器からの除熱機能	○格納容器からの除熱手段 ・ドライウエルクーラ、原子炉冷却系を利用した代替除熱 ・残留熱除去系の故障機器の復旧 ・耐圧強化ベント	○格納容器からの除熱手段 ・格納容器冷却系の手動起動 ・不活性ガス系、非常用ガス処理系を通したベント
安全機能のサポート機能	○電源供給手段 ・電源の融通（隣接プラントからの480V融通） ・非常用ディーゼル発電機の故障機器の復旧 ・非常用ディーゼル発電機の専用化	○電源供給手段 ・外部電源の復旧及び非常用ディーゼル発電機の手動起動 ・電源の融通（隣接プラントからの6．9kV融通）

第 2-2 表　整備したアクシデントマネジメント策のまとめ（２号炉～５号炉）

機能	今回（平成6年3月以降）整備した アクシデントマネジメント策	従来から整備しているアクシデントマネジメント策
原子炉停止機能	○代替反応度制御（RPT及びARI）	○手動スクラム ○水位制御及びほう酸水注入系の手動操作
原子炉及び格納容器への注水機能	○代替注水手段（復水補給水系、消化系ポンプによる原子炉・格納容器への注水手段及び格納容器冷却系から停止時冷却系を介した原子炉への注水手段）	○ECCS等の手動起動 ○原子炉の手動減圧及び低圧注水操作 ○代替注水手段（給復水系、制御棒駆動水圧系による原子炉への注水手段）
格納容器からの除熱機能	○格納容器からの除熱手段 ・ドライウエルクーラ、原子炉冷却系を利用した代替除熱 ・残留熱除去系の故障機器の復旧 ・耐圧強化ベント	○格納容器からの除熱手段 ・格納容器冷却系の手動起動 ・不活性ガス系、非常用ガス処理系を通したベント
安全機能のサポート機能	○電源供給手段 ・電源の融通（隣接プラントからの480V融通） ・非常用ディーゼル発電機の故障機器の復旧 ・非常用ディーゼル発電機の専用化	○電源供給手段 ・外部電源の復旧及び非常用ディーゼル発電機の手動起動 ・電源の融通（隣接プラントからの6．9kV融通）

第 2-3 表　整備したアクシデントマネジメント策のまとめ（６号炉）

機能	今回（平成6年3月以降）整備した アクシデントマネジメント策	従来から整備しているアクシデントマネジメント策
原子炉停止機能	○代替反応度制御（RPTおよび（RPT及びARI）	○手動スクラム ○水位制御及びほう酸水注入系の手動操作
原子炉及び格納容器への注水機能	○代替注水手段（復水補給水系、消化系ポンプによる原子炉・格納容器への注水手段） ○原子炉減圧の自動化	○ECCS等の手動起動 ○原子炉の手動減圧及び低圧注水操作 ○代替注水手段（給復水系、制御棒駆動水圧系による原子炉への注水手段、海水系ポンプによる原子炉・格納容器への注水手段）
格納容器からの除熱機能	○格納容器からの除熱手段 ・ドライウエルクーラ、原子炉冷却系を利用した代替除熱 ・残留熱除去系の故障機器の復旧 ・耐圧強化ベント	○格納容器からの除熱手段 ・格納容器冷却系の手動起動 ・不活性ガス系、非常用ガス処理系を通したベント
安全機能のサポート	○電源供給手段 ・電源の融通（隣接プラントからの480V融通、高圧炉心スプレイ系専用ディーゼル発電機からの6．9kV融通） ・非常用ディーゼル発電機の故障機器の復旧 ・非常用ディーゼル発電機の専用化	○電源供給手段 ・外部電源の復旧及び非常用ディーゼル発電機の手動起動 ・電源の融通（隣接プラントからの6．9kV融通）

(1)　1号炉（BWR－3）

①　原子炉停止機能にかかわるアクシデントマネジメント策

手動スクラム及び水位制御による出力制御とほう酸水の注入に加えて再循環ポンプトリップ（RPT）、代替制御棒挿入（ARI）を整備した。

②　原子炉及び格納容器への注水機能にかかわるアクシデントマネジメント策

非常用炉心冷却系（ECCS）等が自動起動しない場合の対応として、給復水系、制御棒駆動水圧系等による注水操作、手動でのECCS等の起動操作、原子炉の手動減圧及び低圧注水操作に加えて復水補給水系、消火系から炉心スプレイ系を介して原子炉へ注水できるように配管の接続等を変更するとともに格納容器冷却系を介した格納容器へのスプレイを可能にし、発生した蒸気のスプレイによる凝縮、ペデスタル（原子炉圧力容器下部空間）のデブリ冷却といった格納容器への注水機能を向上させた。

③　格納容器からの除熱機能にかかわるアクシデントマネジメント策

格納容器冷却系の起動に失敗し、格納容器の圧力が上昇する場合の対応として、不活性ガス系、非常用ガス処理系を通したベントのほかに耐圧強化ベントの設置を行った。

④　安全機能のサポート機能にかかわるアクシデントマネジメント策

電源の融通、非常用ディーゼル発電機の復旧手順の整備、非常用ディーゼル発電機の専用化を実施した。

(2)　2～5号炉（BWR－4）

① 原子炉停止機能にかかわるアクシデントマネジメント策
1号炉と同じ
② 原子炉及び格納容器への注水機能に係わるアクシデントマネジメント策
代替注水手段及び原子炉減圧の自動化の整備を実施した。
i 代替注水手段
基本的な概念は1号炉と同じである。
ii 原子炉減圧の自動化
原子炉水位低の信号発生後、逃がし安全弁により原子炉を自動減圧することで、低圧ECCS等による炉心への注水が可能となるようにした。
③ 格納容器からの除熱機能にかかわるアクシデントマネジメント策
基本的には、1号炉と同様である。
④ 安全機能のサポート機能にかかわるアクシデントマネジメント策
基本的には、1号炉と同様である。
(3) 6号炉（BWR－5）
① 原子炉停止機能にかかわるアクシデントマネジメント策
基本的には、他号炉と同様である。

2・2・2　アクシデントマネジメントの実施体制の整備

アクシデントマネジメントの実施が必要な状況においては、プラントパラメータ等の各種情報の収集、分析、評価を行い、プラント状態を把握し、実施すべきアクシデントマネジメント策を総合的に検討、判断することが必要である。そのためには、アクシデントマネジメントを実施する組織を明確化し、その役割分担や意志決定者を明確にする等、発電所の総力を挙げた対応が可能な実施体制を整える必要がある。

また、シビアアクシデント時には、適宜、国等の外部との連絡を密に取り、情報交換、助言等が行われることとなる。よって、実施組織には、情報を一元的に把握し、対応する組織が必要となる。

さらに、実施組織が有効に活動できるためには、実施組織が使用する施設が用意されるとともに、この施設には手順書類、通信連絡設備の他、プラント状態を把握するためのプラントパラメータの表示装置等、必要な資機材が確保されていることが必要である。

これらを踏まえ、アクシデントマネジメントを確実に実施できる実効的な体制について検討し、整備を行ったとしている。

以下に項目を示す。

(1)　アクシデントマネジメントの実施組織の整備

①　アクシデントマネジメントの実施組織

②　実施組織の役割分担及び意志決定

③　要員の召集

(2) 施設、設備等の整備
① 支援組織が使用する施設、資機材の整備
② 計測設備の利用可能性等
③ 通報連絡等
(3) アクシデントマネジメント用の手順書類の整備
(4) アクシデントマネジメントに関する教育等の実施

2・3　欠落していた課題はなにか

上記のように、事業者が進めてきたアクシデントマネジメントは、内部事象に起因して過酷事故に至る可能性のある事象であり、外部事象、とりわけ、地震による外部電源の喪失、津波によるタービン建屋への浸水、非常用ディーゼル発電機及び蓄電池等の被水による使用不能等の状況、それらに伴うプラントレベルの共通要因故障とその対策は考えていなかった。僅かに、「事故の起因事象を問わず観測されるプラントの徴候に応じた操作」と言う項目があるが、この際にも同時に全電源喪失が起こるとは想定していない。

また、そもそも、全交流電源喪失について、世界に比して我が国では停電頻度が低く、停電になった場合にも短時間で復旧出来、かつ、ディーゼル発電機の起動失敗は極めて少ないとの思い入れが安全設計審査指針に反映され、悪条件下での対応が考慮されていなかったことに問題がある。即ち、原

子炉施設事故・故障分析評価検討会交流電源喪失事象検討WG報告書（一九九三年）では、日本の外部電源喪失は約0・01／年で米国より一桁低く、復旧に要する時間は30分以内（米国は中央値が30分）であり、また、非常用ディーゼル発電機の起動失敗確率は6×10^{-4}／要請で米国に比べ2桁低いとの記述があり、それが論拠となっているが、大地震、津波、その他の悪条件を考慮すれば根拠とはなり得ない。安全設計審査指針27の「電源喪失に対する設計上の考慮」の解説で「長期間にわたる全交流動力電源喪失は、送電線の復旧又は非常用交流電源設備の修復が期待できるので考慮する必要はない。」と明記され、事業者も規制当局も今回の事態のような長時間にわたる電源喪失に思いを致すことはなかったのである。

2・3・1　事業者の対応

(1)　炉心冷却

1号機においては、非常用復水器（ＩＣ）が運転員の間でシビアアクシデント防止に活用すると言う認識がなかった。全ての始まりはここにあった。1号機の炉心溶融、水素爆発により、高い濃度の放射性の瓦礫が飛び散り、2、3号機の炉心溶融防止作業に影響を与えたことは否めない。

(2)　全交流電源喪失

①　ＰＳＡでは、電源融通、外部電源又は非常用ディーゼル発電機の復旧を考慮すれば、重大事故に至る確率は十分低くなるとしていたが、これらは、すべて想定通りにはいかなかった。また、共通要因故障の発生頻度は極めて低いとして対策は考慮されなかった。

② 応用動作として電源車を現地に運び込んだが、時間を要しスムーズに活用出来なかった。

③ 代替直流電源（仮設蓄電池等）の確保にも時間を要した。

(3) 格納容器ベント

自動作動弁の操作で、仮設蓄電池や仮設空気圧縮機の設置が必要となりベントが遅れた。

(4) 代替注水（原子炉圧力容器減圧、代替注水ライン）

① 原子炉の減圧操作とそれに続く消火系ポンプの利用を含む代替注水のための設備がアクシデントマネジメントとして整備されていた。しかし、逃し安全弁（自動）の操作が困難で減圧に時間を要した。

② 代替注水手段として、サイトの消防車による注水が試みられたが、原子炉圧力が消防車のポンプ吐出圧力より高かったため、原子炉への淡水注水が出来なかった事例もあった。

さらに、格納容器から水素が漏出し、原子炉建屋で水素爆発を起すシーケンスは全く想定になかった。

2・3・2 規制機関の対応

原子力安全・保安院（経済産業省）は、事業者のアクシデントマネジメントの妥当性を評価、監査、指導する立場にあり、その結果を原子力安全委員会に報告する義務を負っていた。原子力安全・保安院から原子力安全委員会への報告は形通りに行われたが、何処まで真剣に、詳細に検討されたか疑わしく、また、教育、訓練等に関しても如何に実施しているか継続的に監査した形跡は見られない。

さらに、欧米各国が過酷事故対策を継続的に講じ、また、米国では、BWRのMark I型格納容器は、その容積が極めて小さく過酷事故時の急速な内圧上昇が問題となり対策が講じられたが、日本の規制機関は、これらの諸外国の動向、対策を検討し導入する努力を怠っていた。

なお、今回の事故収束へ向けた対応においては、国（内閣府）の関与が強すぎた嫌いがあり、規制機関の対応、支援活動が萎縮した点もあろうかと思われる。

3　東京電力福島第一原子力発電所の事故の進展と課題

今回の東北地方太平洋沖地震と引き続く津波の来襲においては、まず地震では東日本太平洋側の原子力発電所では、設備として大きな問題もなく運転中の全ての原子力発電所は停止し冷却モードに入った。しかし、その後の津波は設計の想定事象を大きく超えるものであり、設計基準高さを超えた対応について十分な検討がなされておらず、システムは多重、多様を問わずに、共通要因（津波事象）で多くの機能が喪失するに至る事態が発生した。その結果、全ての電源を喪失する事態となり、引き続く冷却機能の喪失、ヒートシンクの喪失が次々と生じ、燃料損傷（炉心溶融）をもたらすに至った。さらに、原子炉建屋における水素爆発を誘引するとともに、放射性物質の閉じ込め機能を喪失した。これが、東京電力福島第一原子力発電所の事故の経緯の概要である（**第3－1図**参照）。

3・1　地震動への対応

設計のための地震動の大きさとしての基準地震動や、最大津波の大きさの想定は、これらの分野に係る学術界、学会で議論してきた結果に基づくものである。その結果、規制に携わってきた専門家、関係者、学識経験者や技術者の合意に基づき、その基準を定め、評価に適用してきた。だが、実際の最大津波は想定したよりはるかに大きなものであった。この巨大な津波をもたらした地震動の規模に

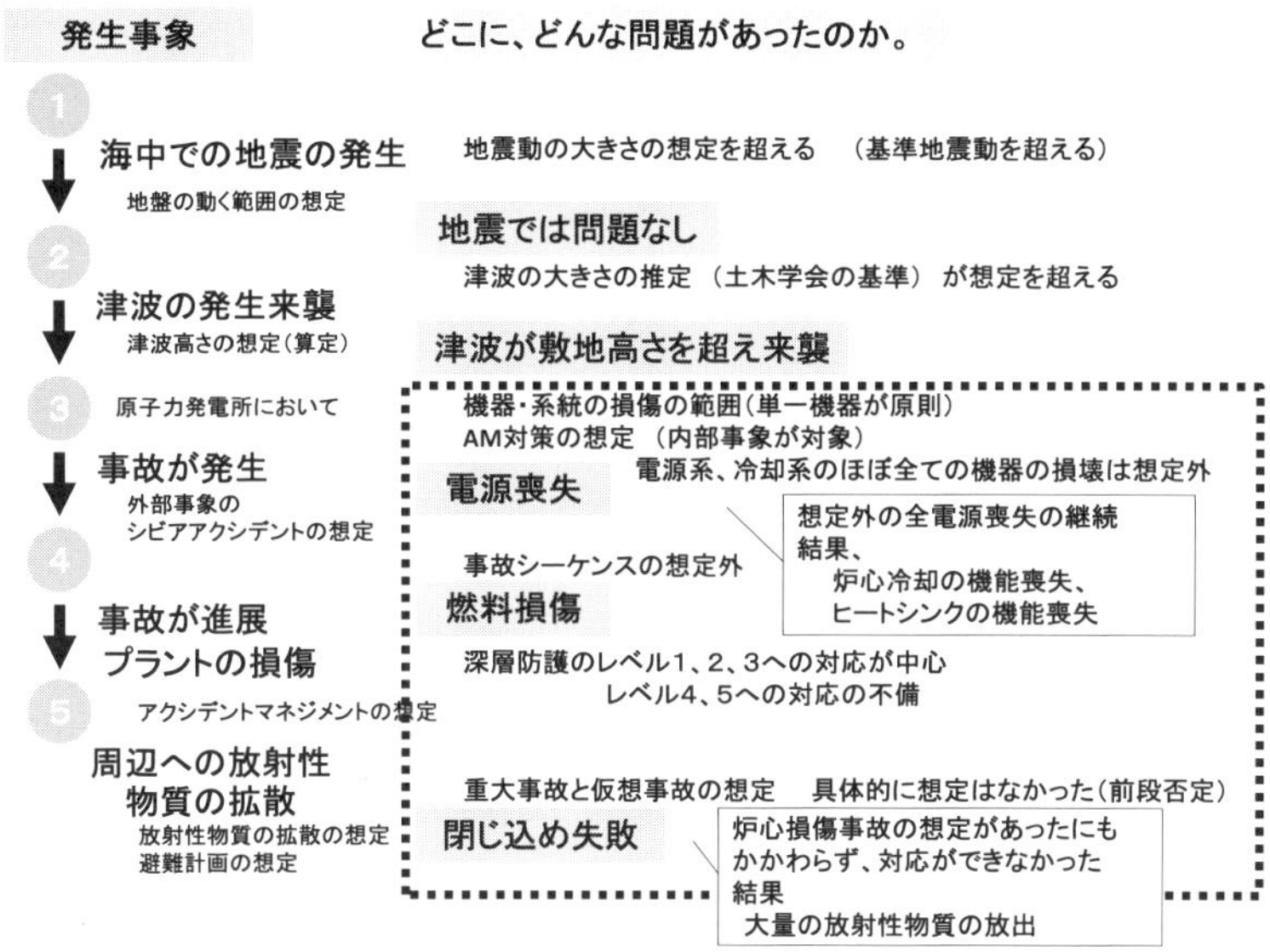

第 3-1 図　東電福島第一原子力発電所の事態進展と問題点

ついても、想定をはるかに超える地殻変動だったということである。

地震動については、実際に発生した地震の大きさは既に把握されている通りである。地震では太平洋側で稼働中の12基全ての原子力発電プラントの制御棒全数が問題なく挿入され、停止モードに入ったことが確認されている。東京電力福島第一原子力発電所の2、3号機、東北電力女川原子力発電所1、2、3号機では、一部の地震動が基準値を超えてはいたが、異常や損傷は認められていない。基準地震動に対する余裕の大きさは、既に中越沖地震での東京電力柏崎刈羽原子力発電所でも十分に確認されてきた。今回の地震でも、最も近地の地震であった女川原子力発電所でも、その健全性は十分に確認されている。もちろん、福島の各原子力発電所でも、地震により安全上問題となるようなふるまいは、データ上は認められなかった。また、国会事故調では配管の損傷によるというデータは認められないものの、〝可能性はないことはない〟との見解が示されたが、政府事故調では配管の損傷はないとされている。解析等からの評価結果からも原子力安全・保安院の意見聴取会で配管の損傷がなかったことが示されている【参2、9、10】。

しかし、重要な点は基準地震動を超えているという点である。過去に、女川原子力発電所においても、柏崎刈羽原子力発電所においても基準地震動を超える事態は何度か経験してきている。それにもかかわらず、設備の健全性は確保され、もちろん安全に係る事態は全く生じていないことは既に報告されている通りである。中越沖地震後による柏崎刈羽原子力発電所の被災と、その前年に改訂された耐震設計審査指針における基準地震動の見直しにより、より厳しく基準地震動を引き上げ、より厳しい耐震性が求められてきたのである。それは、全国の原子力発電所の耐震性バックチェックとして新たな基準での健全性確認の実施に反映された。この時点から問題視されてきたのが、耐震性の評価をこれまでと同様に加速度応答で行うことの妥当性についてである。破損、と言う視点では、速度で評価する方法やエネルギーで評価する方法など、もっと適切な方法があるのではないか、という問題が投げられていた。未だ、答えはないまま今回の事態を迎えたのである。基準を超えることの意味を考えたり、超えた場合の対応をどのようにしなければならないか、ということを考えたりすることはなかった。ここで、この問題を取り上げるのは、今回の地震動でも女川原子力発電所でも、福島第一原子力発電所でも基準地震動を超える地震動が観測されたからである。それは設計基準を超える事態であるということであり、それはシビアアクシデント領域に入ると言うことになる。極めて重大な判断を下すことであり、もう一度、この地震動における設計基準をどのような量を採用すればよいか、考えてみる必要があろう。

今回の東北地方太平洋沖地震は、地震の専門家の想定を大きく超え面積約450km×200kmの領域が連動しマグニチュード9の規模であり、東京電力福島第一原子力発電所がある福島県大熊町・双葉町では震度6強であった。地震の強さの目安となる地震動最大加速度は、原子炉建屋最地下階に設置されている地震計で記録されるが、2、3および5号炉ではそれぞれ550、507、548ガル（cm/s^2）を記録し、耐震評価用基準地震動Ssで想定した最大応答加速度438、441、452ガルを超えた。

地震計で記録された地震動を入力データとしたシミュレーション解析において、1～3号機（運転中）と4～6号機（停止中）の耐震安全上重要な原子炉停止、炉心冷却、放射性物質隔離に係わる系統、機器、配管、構造に対する地震荷重の影響は、耐震評価基準値（許容応力値等）以下で充分に余裕があったことが確認されている。事故の経緯として、各号機の地震後の運転データに安全上異常となるようなものが見あたらないことや、過去のプラント評価では、設計と実プラントを比較して実力としての耐力は余裕があり、東京電力福島第一原子力発電所の各号機においても同様と推定されることから、地震動に対して裕度があったと判断される。

特に、今回の地震で発生した事象として、安全上考えなければならない重要な課題としては地震と津波を含めて、それらの複合災害が挙げられる。女川原子力発電所では、地震時に電源盤の火災が発生した。幸いにして大事に至らなかったが、地震と火災の複合災害の可能性も示唆するものであった。今後の検討が必要である。

（活断層について）

地震動の評価においては、特に、理学と工学の枠を超えた専門分野間の効果的な連携ができないことが評価を曖昧にする要因となっている。それは津波評価においても同様であり、これからの学の間、学会間の情報交換と連携が望まれる。

地震動についての問題点を、最近の話題である「活断層問題」について示す。今回の地震動では遠地発生の地震動であり、発電所に直接かかわる問題はなかった。断層が直接発電所の設置位置にあってはならないことが原子力規制委員会の新規制基準において求められている。以下に地震動に対する新規制基準の基本方針を示す。

【基本的要求事項】

1　原子炉施設（以下単に「施設」という。）は、全体として高い安全性を有する必要があるため、次に示す基本的な設計方針を満足すること。

一　重要な安全機能を有する施設は、将来活動する可能性のある断層等の露頭が無いことを確認した地盤に設置すること。

二　重要な安全機能を有する施設は、施設の供用期間中に極めてまれではあるが発生する可能性があり、施設に大きな影響を与えるおそれがある地震動（以下「基準地震動」という。）

による地震力に対して、その安全機能を損なわない設計であること。さらに施設は、地震により発生する可能性のある安全機能の喪失及びそれに続く環境への放射線による影響の観点から考えられる重要度に応じて、適切と考えられる地震力に十分耐える設計であること。

三　施設は、前号の規定における地震力に対して十分な支持性能をもつ地盤に設置すること。

四　重要な安全機能を有する施設は、施設の供用期間中に極めてまれではあるが発生する可能性があり、施設に大きな影響を与えるおそれがある津波（以下「基準津波」という。）に対して、その安全機能を損なわない設計であること。

2　基準地震動及び基準津波の策定等に当たっての調査については、目的に応じた調査手法を選定するとともに、調査手法の適用条件及び精度等に配慮することによって、調査結果の信頼性と精度を確保すること。

第一が、「将来活動する可能性のある断層等の露頭が無いことを確認した地盤に設置すること。」とされている。いわゆる「活断層」上に原子力発電所を設置することを避けるということである。しかし、「活断層」であるという判断は、難しい面もあり専門家により異なる判断が下されることもあり、意義あるものとはならない不毛の議論を引き起こすことにもある。また、近年は断層の動きに応じた地盤やその上部にある構造物の移動、もしくは振動応答評価にも取り組まれ実績が積まれてきていることを考慮すれば、「一　重要な安全機能を有する施設は、将来活動する可能性のある断層等を考慮して地震動の評価を行うこと。適切な評価ができない場合には、露頭する断層等上には設置しないこと。」とし、適切な評価を行い判断する余地を残すことが将来の技術の進展にも寄与するものと考える。

3・2　津波への対応とその後への影響

一方、原子力発電所に適用する設計のための最大津波の大きさの想定についても、学術界、学会で議論してきたものである。それは、土木学会を中心に評価技術の検討が進められて来た。最近の計算機技術など新技術の進展を取り入れた再構築が成されてきた。しかし、津波が岩手県田老町の防潮堤を乗り越え、破壊した例を見ても、自然現象を予測し災害を防止することは如何に難しいか、ということが分かる。多くの自然災害は想定外として起きるものなのである【参11】。

原子力発電所を襲った実際の最大津波は、想定したよりはるかに大きなものであった。この巨大な津波をもたらした地震動の規模が、想定をはるかに超える地殻変動だったということでもあったが、これまでの津波評価では扱ってなかった複雑に複合的に重なり合ったもので想定を大きく超えるものであった。その結果として原子力発電所が被災し、事故に至ったのである。

各原子力発電所の今回の津波の大きさについては、どの原子力発電所サイトでも設計時の想定を超えるものであった。しかし、一部のサイトでは余裕があり、事故にまで至ることはなかった。津波の大きさは女川、福島第一、第二、東海第二と全ての原子力発電所で、許認可値はもちろん、最新の見直し値を上回るものであった。女川原子力発電所では約13ｍと極めて大きなものであったが、発電所設置位置が１ｍ陥没後も13・８ｍと僅かの余裕で大きな難は免れた。また東海第二原子力発電所では、基準津波高さを見直し、津波対策としての冷却設備の防水壁工事が完了していた部分の設備の機能が維持され、原子炉は無事冷温停止まで確保された。福島第二原子力発電所では、津波高さは8m程度で敷地高さ12mよりも低いものではあったが、浸水高さは14・5mと高く多くの設備は被害にあった。しかし、アクシデントマネジメント対応が功を奏し冷温停止にまで持っていくことができた。福島第一原子力発電所では最近の知見に基づき見直していた津波レベルをも超える大きなものであった。これほど大きなものとなることは予測されておらず、自然現象として想定を大きく超えるものであったことは否めない。

二〇一一年一月一一日時点で文科省地震調査研究推進本部長期評価部会は、宮城県沖地震に対して30年以内に起こる確率99%でM7.5（滑り量16m程度）前後（三陸沖南部海溝寄り領域と連動の場合、M8.0前後）、南海地震と東南海地震が連動した場合M8.5前後を想定していた。事故前の国内の標準的な津波評価方法としては、二〇〇二年二月に土木学会が発刊した「原子力発電所の津波評価技術」が定着しており、全発電所でこの手法による想定される最大規模の地震に対して津波高さの再評価が進んでいた。

三月一一日に発生した岩手・宮城・福島・茨城県沖連動地震はM9.0（面積約450km×200km、最大滑り量60－70m）であり、想定よりも大規模の地震により大きな津波が発生した。これは、八六九年（貞観一一年）に発生した大地震と大津波に匹敵するものであり、一〇〇〇年に一回といわれる規模の地震により津波が発生したと言われている。このように現在の地震・津波規模の事前評価には限界があったということである。

東京電力福島第一原子力発電所沖で重畳により生じた15ｍを超える津波のため、事故以前に整備した福島第一原子力発電所1～6号炉の非常用電源設備は以下の設備以外は機能しなかった。機能した設備は、タービン建屋の地下最下層ではなく中層地下室にあった3、5、6号炉の125Ｖ直流電源と13ｍの最高敷地高さの建屋内にあった6号炉空冷式非常用ディーゼル発電機のみであった。僅かな垂直方向の位置の違いによって機能が保持できたことは、事故からの重要な教訓である。

従って、非常用ディーゼル発電機、直流電源、配電盤など非常用電源設備を水密性のないタービン発電機室の地階に設置していたことが、津波で機能喪失し直流電源も含めた全電源喪失を招き、過酷事故に至った直接要因として根源的な原因であると言えよう。

3・3　設計基準を超える事態への対応

設計基準を超える事態への対応については、既に中越沖地震など地震動に関しては5回も基準地震動を超える経験をしてきた。その結果、二〇〇六年の耐震設計審査指針の改訂において「残余のリスク」という考え方を導入し、基準地震動を超えることはあり得ることであり、それを残存リスクとして対策を取り、そのリスクを低くするよう求めており、各原子力発電所は様々に手を打ってきた。一部の原子力発電所では十分に手を打つことの得失を考慮し、浜岡1、2号機のように総合的判断で廃炉を選択したものもある。

では、この津波に対してはどのように考えて来たのであろうか。残念ながら津波の場合には、耐津波設計が明確ではなく、設計基準への対応は明確に示されていない。従って設計基準を超える事象に対しては、十分に設備としての対応が取られてきたとは言えない。すなわち、法整備規制としてはもちろんであるが、設計概念としても整備されておらず、対応が取れる状況になかったと言える。

これまで、性能目標と言われながら用いられてきたのが、旧原子力安全委員会報告にある炉心損傷頻度（ＣＤＦ）は10^{-4}／炉・年であり、格納容器破損頻度10^{-5}／炉・年である。その安全目標は、事故時の敷地境界での死亡確率が10^{-6}／人・年とすることであった。－これは、出典においては「原子力施設の事故に起因する敷地境界付近の公衆の個人の平均急性死亡リスク及び施設からある範囲の距離にある公衆の個人のがんによる平均死亡リスクは、ともに年当たり100万分の１（10^{-6}／人・年）程度を超えないように抑制されるべき」が原文となっている－これまではリスク評価（ＰＳＡ／ＰＲＡ）では、発生頻度として10^{-7}炉・年以下の頻度の事象については、十分低い値として考慮の対象とはしていない。

また、複数基の機能喪失の仮定もしくは共通要因事故・故障の発生の仮定とその対応に課題があった。津波の来襲により、多くの機器がほぼ同時に、また多重性を持たせてきた複数基の機器が、その機能を一気に喪失するという事態を招いた。東京電力福島第一原子力発電所の事故がここまで進展した主要因は、プラント設備としては①全電源の喪失、②冷却システムの喪失、③ヒートシンク（最終的な熱の逃がし場）の喪失が重畳したことにある。一方、アクシデントマネジメント策としては①代替電源の不備、②代替ポンプ（消防車など）の能力不足、③想定外事象（水素爆発をはじめ、格納容器損傷、全電源喪失そのものなど）の多発の準備不足、などがあげられる。

これらは、いずれもアクシデントマネジメント、過酷事故に対する真摯な対応の欠如－安全でないこともあり得ると言うことへの抵抗感ーを元として、事故の想定を全くしてこなかったことに要因があるのではないだろうか。また、これまでの過酷事故の検討は、内的事象として構成機器の単一故障を想定するような事故進展の想定が行われ、それに対応することで、定量的にプラントの安全が確保されるという評価を行ってきたものであり、今回の東京電力福島第一原子力発電所で起きたような、同一機能機器の機能の同時喪失として複数基の損傷、共通要因事故の想定は発生の可能性が極めて低いとして遠ざけられてきたことに今回の事故に適切に対応できなかった要因がある。

事故の進展の理解と深い知識を有していることは極めて重要である。今回の事故では、燃料の損傷がいつ起きているのか、格納容器はどのように損傷するのか、その場合に次に何が起きるのか、事故の進展とそれに対する対応の検討が十分なされてきたとは言えず、1号機を例に挙げれば、非常用復水器（ＩＣ）を用いた炉心冷却システムが有用であることや格納容器内気体のベントシステムが電源がなくても弁の開作業が手動で行えるようにしておくことは有用であるが、格納容器の隔離機能の維持に重点が置かれていたことから、これらへの対応の準備は全くされておらず、全ての対応が後手になった感は否めない【参12】。

また、テロ対応を含めて、外的事象としての自然災害などにおいては、先に示した地震動や津波などのみならず他の災害に対しても、設計基準を超えた事態に対して、いつ、どのように対応すべきか、ということを明確にしておく必要がある。

3・4　全電源喪失とその影響

東京電力福島第一原子力発電所では、３台の空冷式非常用発電機を加えて各号機に２台（６号機では３台）の非常用発電機を整備し、複数原子炉立地のメリットを活かして隣接原子炉施設間（１と２、３と４、５と６号機間で）で非常用交流母線（480Ｖ）を直流電源用充電器（125Ｖ）に接続して蓄電池を継続的に使用できる態勢が取られてはいた。このような直流電源の強化によって、故障を修復した非常用ディーゼル発電機の手動起動、１号炉の非常用復水器（ＩＣ）および２～６号炉の原子炉隔離時冷却系（ＲＣＩＣ）および１～６号炉の高圧注水系（ＨＰＣＩ）等の長期継続運転が可能であることとは言うまでもない。

東京電力福島第一原子力発電所沖の最大津波が10ｍ未満であれば、敷地高さ10ｍあるいは13ｍのタービン建屋等に設置されていた非常時電源は活用できた可能性は高いが、実際、15ｍを超える津波のため、事故以前に整備した非常用電源設備の内機能した設備は、タービン建屋の中層地下室にあった３、５、６号機の125Ｖ直流電源と13ｍの敷地高さの建屋内にあった６号機空冷式非常用ディーゼル発電機のみであり、それ以外の設備は機能しなかったのである。電源設備、電気系統が水没するという事態は全くの想定外であったが、このような事態に対して、耐圧防水扉等による建屋内非常時電源系の保護や非常用電源の高台への配備など位置的な分散・浸水対策の強化ができていれば、最悪の事態は避けられたものと推定される。

東京電力福島第一原子力発電所事故直後に原子力安全・保安院が指示した非常時所内電気設備対策は、今回の教訓を反映したものであり、ＢＷＲとＰＷＲの原子力発電所における火災・爆発・台風などの地震・津波以外の外的事象にも対処できるものである。既に高台への非常用大型発電機の設置・電源車配備などが進められている。また、東京電力福島第一原子力発電所事故の技術的知見としてまとめられた外部電源系統の信頼性向上、変電所・開閉所の耐震信頼性向上および関連設備の迅速な復旧についても各発電所で改善が迅速に進められている。

3・5　水素爆発の発生とその影響

3・5・1　爆発の概要

東京電力福島第一原子力発電所において発生した爆発は、被覆管が高温になって水－ジルコニウム反応を主要因として発生した水素が原子炉圧力容器から格納容器内、さらに原子炉建屋内に漏れ出し、一定濃度を超え、可燃限界を超えたために、引火して爆発したものと推定できる。特に、福島第一原子力発電所1号機及び3号機の原子炉建屋において発生した爆発は、各号機において発生した水素によるものと想定されるが、4号機において発生した爆発は、3号機の格納容器内のベントガスが排気筒を共有している非常用ガス処理系配管を通じて4号機に流入したことに原因があるとされている。一方、他の号機と同様2号機においても炉心損傷に至ったと考えられるが、水素爆発は発生しなかった。この要因の一つとして、原子炉建屋のブローアウトパネルが開放されていたため、水素が建屋外に放出され、可燃限界を超えて溜まることがなかったことが挙げられる。

3・5・2　水素漏えいの原因

爆発の原因となった水素の原子炉建屋内への流出経路は必ずしもすべてが解明されているものではないが、原子炉圧力容器内で発生した水素は、高温の燃料デブリが下部に落下し、制御棒や炉内計装案内管の溶接部が溶融した部分等から格納容器へ漏洩したものと思われる。また、格納容器からは、シリコンゴム等を利用している各機器のシール部が高温による機能低下を起こしたこと及び雰囲気の圧力が上昇していたことによって、格納容器雰囲気に含まれていた水素も漏えいしたものと推測される。格納容器からの漏えい経路として想定されることは以下に示すとおりである。

- 格納容器上蓋の結合部分
- 機器や人が出入りするハッチの結合部分
- 電気配線貫通部

3・5・3　爆発の影響

水素爆発によって、原子炉建屋が破損に至ったが、格納容器外での水素爆発は想定されていなかった。そのため、1号機の水素爆発は原子力発電所の復旧に大きな影響を及ぼした。1号機の爆発によって飛散したがれきのため、2号機の電源盤につなごうと敷設した電源ケーブルが損傷し、復旧対策が遅れた。また、1号機においても海水注入ライン及びほう酸水注入系のための電源ケーブルが損傷する影響を受けた。爆発の様子は逐一テレビ等で放映され、一般公衆に与えた心理的な影響は多大なものであった。

3・5・4　水素爆発から得られる教訓

東京電力福島第一原子力発電所で発生した爆発は、事故の対応や発電所の復旧作業へ大きな影響を与えたのみならず、一般公衆への心理的な影響も計り知れない大きなものであった。爆発の概要は明らかになりつつあるものの、その詳細のメカニズムが明らかになっているわけではない。水素爆発に至ることがないように、プラント内での水素の滞留を防止するための対策が必要である。原子炉建屋屋上でのトップベントやブローアウトパネルの開放措置、可燃性ガス制御装置の設置、これらの設備が電源喪失時でも稼働するような対策が必要である。また、爆発に至った水素の滞留のメカニズムを明らかにしたうえで、水素対策設備に対するプラントごとの建屋内、格納容器内の区別も含めた最適な配置の検討が必要である。つまり、プラント固有の状況に応じて水素発生に適切に対応する機器の設置や対応手順の整備に加えて、水素が格納容器外に漏れることまでも想定した対応を適切にマネジメント出来る人材の育成を含むアクシデントマネジメントを行う必要がある。

3・6　何故過酷事故は防げなかったか

東京電力福島第一原子力発電所事故は「どうすれば未然に防ぐことができたのであろうか。」、「どのような対策が必要だったのであろうか。」。この課題については、2・3章及び3・3章で述べているが、まとめて再整理する。

3・6・1　どうすれば未然に防ぐことができたか

2章で述べたように過酷事故に対する対策に関しては、日本においても欧米と同様にTMI事故をきっかけに原子力安全委員会を中心に議論、検討を進め、国際的にはOECD／NEA（当時の原子力先進国の集まり）と連携を取っていた。

その結果、原子力安全委員会は、原子炉設置者において効果的なアクシデントマネジメントを自主的に整備し、万一の場合にこれを的確に実施できるようにすることは強く奨励されるべきであると考えるに止まり、規制要件とはしなかった。当時としては原子力安全委員会の対応は世界的に見て遜色はなかった。しかし、その後世界は規制要件化していった。東京電力福島第一原子力発電所事故のそもそもの起因事象は巨大な津波によるものであるが、未然に防止するとの観点から抽出される項目を箇条書きにして示す。

⑴　過酷事故対策を事業者の自主的対応とせず、規制要件とし事業者、規制機関が真剣に取り組む必要があった。規制要件とすることにより、事業者は経費をかけても必要な設備等を備えた真剣な対応をし、緊張感を持って取り組んだであろうと考えられる。本来、過酷事故シナリオを機器の単一故障や運転員の誤操作等内部事象に起因するものに止めず、地震、津波等外部事象に起因する事象も同等に考慮し、その場合の対応を考えておくべきであった。また、不確実さが残る自

然現象に対し、深層防護に則して対策を講じる姿勢が欠けていた。

(2) 津波に対しては、二〇〇四年スマトラ島沖津波で、インドのマドラス発電所で海水ポンプ浸水被害発生例があり、二〇〇八年には東京電力では社内検討において、福島県沖の海溝沿いに波源を置くと津波遡上高さは15・7ｍとの試算結果を得ていた【参13】ことから対策の検討も一部では考えていたようであるが、遅きに失した。これは、東京電力では、タービン建屋地下に設置した非常用ディーゼル発電機が海水冷却系配管からの水漏れにより被水し二台とも使用不能となるトラブルもあり、これらの対策を過酷事故防止対策に活かし、非常用ディーゼル発電機の配置変更や追加のガスタービン発電機を別の場所に設置する等津波対策をもっと早期に施しておくべきであった。

規制機関としては、原子力安全基盤機構が二〇〇六年にフランスのルブルイエにおける原子力発電所浸水事故の事例を東京電力福島第一原子力発電所の1号機に適用して、同様の事態に際しての炉心溶融頻度のリスク評価を行った結果、極めて高い炉心損傷確率（ＣＤＦ）の数値を示していたにも拘わらず、何らの対応もしなかったのは残念であり、今後の課題である。

(3) 全電源喪失については、日本は外国に比べ停電率が低く、また、停電になっても短時間で復旧出来、更に、非常用ディーゼル発電機の起動失敗確率も極めて低いとの思い入れが強く、安全設計審査指針でも長時間（30分以上）にわたる停電は考慮しなくても良いと明記してある。この思いこみは、米国で九・一一の同時多発テロ後、原子力発電所に全電源喪失に対する機材の備えと訓練を義務付ける規制(B.5.b)を導入した通知を規制機関は受けながら何ら措置をしなかった【参

2】。米国と同様に、可搬式の電源を備え訓練をしておくべきであり、外国の事例から学ぶ姿勢が必要であった。

また、このような情報に接した規制機関や事業者は連携して対応策の評価を行い、我が国への適用性について検討し適確に判断することが必要であった。そのような姿勢は常に必要なことである。

上記の措置を取っていれば、未然に今回の過酷事故は防げたであろう。

3・6・2　どのような対策が必要であったか

ここでは、事故発生時の対応の観点から考察する。

(1)　取るべき処置に関し指揮者、運転員等に対して徹底した教育、訓練が欠かせない。しかし、特に、1号機の非常用復水器（IC）の活用に関する理解不足と不十分な訓練が炉心溶融に至った大きな原因となっている。これは、当初の設計と最近の安全への取り組み方法の変更への対応が設計者（メーカ）と事業者の間で円滑に行われていたかの疑念もある。また、格納容器ガスベントを迅速に行えなかったことが事態を決定的に悪化させ水素爆発を起し大量の放射性物質の放散につながっている。

2章に示したように、アクシデントマネジメントの整備では、これらの教育、訓練は定期的にもれなく実施するとしているが、実態は、「過酷事故は起こらないとの思いこみから、訓練計画が不十分であり、訓練が形式的なものとなっていた。同様に、必要な資機材の備えが不足していた。」と東京電力自らが述べている【参13】。これは、まさに安全神話に基づくものであり、原子力関係者は等しくこのような考えを排除し、過酷事故の発生防止に真摯に取り組まなければならない。

(2) 実際に、燃料損傷が起こり、炉心崩壊、水素発生、燃料デブリによる原子炉圧力容器のメルト・スルー、格納容器の温度、圧力上昇とそれによる原子炉建屋への水素、放射性物質の漏洩と言う時間経過も含めた事象の進展に関する知識不足から適時に適切な対応が取れなかった。近年、軽水炉技術は完成されたものとし、このような研究を疎かにしてきた傾向があるが、原子炉の運転、指揮に係わる職員に過酷事故事象の進展に関する詳細な徹底した教育は欠かせないものである。

(3) 規制機関についても上記の知識の涵養と取るべき対応に関する十分な具体策を持って、事故の収束を指導すべきであったが、規制機関も自ら研鑽を積むことなく、業務を怠っていたと言わざるを得ない。

このように、万一の場合、過酷事故は発生するとの想定の下に、あらゆる事態に対応する真剣な訓練を行い、必要な資機材を準備しておけば適切に事故を収束させることは可能であったであろう。

4　原子力安全の基本的考え方について

4・1　原子力安全の目的と基本原則

原子力安全は社会との関係なくしては意味を持たないことは論を俟たない。原子力安全にこれでよいという到達点はないからであろう。どの水準までの安全が用意されれば受容すると決めるのかは、社会と合意事項である。ここに、原子力安全の目的と基本安全原則の意義がある。従来、過酷事故対策（シビアアクシデントマネジメント）は事業者の自主努力とされ、特に原子力発電所内での深層防護のシビアアクシデントマネジメントと緊急時の対応・措置が欠落していたと考える。別途、防災においても様々な課題が浮かび上がっており、東京電力福島第一原子力発電所の事故の後、これらの点に関する問題点が各機関から強く指摘されている【参14】。

この事態を招いた原因はどこにあったたか。

原子力発電に係る者すべてにおいて、

―第一に、安全の責任を果たすに必要な制度、組織、体制、それらの相互関係の理解が未成熟であった点、第二に、原子力利用の重要性の認識と利用に伴うリスクの正しい理解と覚悟に欠けていた点、第三に、安全確保において深層防護の思想をその根幹とするが、何を防護するのかに関する対象を明確に意識していなかった点―

などが挙げられる。

このような教訓に基づき、我が国は世界最高の安全性を有する原子力発電の実現に向けて、官民協力して努力を傾注する必要がある。そのため、原子力発電設備の安全性の高度化を実現する安全基準の存在が強く望まれる。

誰がどのように責任の認識を持っていたのだろうか。役割としての責任を含めての「責務」ということを考えることも必要である。原子力発電はエネルギーセキュリティの一環、国策として推進してきたのである。安全確保は事業者の責務だけではない。現場は事業の核であり、安全確保の最前線として当然、安全確保において第一の責務を負っている。事業者は規則を守ることはもちろん、安全確保のための最大限の努力を払わなければならないのは言うまでもない。しかし、一方、国は様々に規制基準を定め、それに従い、設計し、運用の手順を定め提出させ、安全審査を行い、許認可を与えてきた。更に原子力発電所の安全確保のための仕組み、規則を定めて、施工の認可を与え、運用を許可してきたのである。その責任も考える必要がある。また、一方、メーカは事業者から発注を受け、仕様に従い設計し、製造、建設をしてきたとは言え、直接、安全設計を行い、製造において品質保証を行ってきたものとして、安全を確保する〝製造物責任〟を免れることはないと考える。

事故に至ったことの責任を考えるのは、単純に一事業者の問題ではない。国（規制機関）をはじめとして、事業者（電力）全体、メーカ、学術界、地方自治体など全てのステークホルダーにおいて、原子力発電にかかわりを持つ人々が、その役割においてその災害が起きた時の、原子力安全の確保をいかに行うかの責任を自覚することが第一であり、大切なことであると考える。更に加えて、マスコミや国民がどのようにかかわってきたのか、考えてみることも必要であろう。

その反省に立って、事態の調査、分析、評価を行い、これからの対応へ活かしていかなければならない。その上で、原子力発電への取り組み方を定める規制基準や様々な規則を見直して、適切に運用する体制や仕組みを作ることが必要である。

東京電力福島第一原子力発電所の事故を教訓として、原子力エネルギーの平和利用として原子力発電を利用していくことに際して共有すべき〝原子力安全の基本的考え方〟として日本原子力学会にて「原子力安全の目的と基本原則」が策定され、提言されている。これは、ＩＡＥＡ（国際原子力機関）の「原子力安全の目的と基本原則」を十分に参考とし策定したものではあるが、我が国の事情と東京電力福島第一原子力発電所の事故の経験を反映して、これからの世代が担うものとして取りまとめたものである。原子力利用は単純な火力エネルギーの代替ではない。その便益以上にリスクは国を超えて世界に影響するものであり、共通基盤としての安全確保の考え方を共有することは極めて重要なことである。

4・2　深層防護の考え方

何事にもリスクはつきものである。膨大なエネルギーを持つことが実証された核分裂反応を、人類にもたらされた豊かなエネルギー源として、私たちは原子力の平和利用に用いることを決め、原子力発電として発展させてきた。本来、核反応は様々なリスクを内在しており、原子力発電にも同様のリスクがある。原子力発電のリスクで重要なものは、核分裂反応に伴い生成する核分裂生成物が持つ崩壊熱の発生と放射能である。「放射能リスク」に関しては、その安全管理の必要性を世界で共有し、IAEA、ICRP（国際放射線防護委員会）などの国際機関とともに国として規制管理を行ってきた。原子力発電の「放射能リスク」については広く想定し、十分に検討してきた。このリスクの回避が「原子力安全」であり、これに対する基本的考えが**第4−1図**に示す多重に設けた物理障壁や防護戦略としての深層防護の考え方である【参5、15】。

先に示した「原子力安全の目的と基本原則」のうちの「原則：事故の発生防止と影響緩和」において、「原子力事故，放射線事故の発生防止及び影響緩和のために、実行可能なあらゆる努力を払わなければならない。」としている。この中で深層防護は、事故の発生防止と影響緩和の主要な手段として位置づけられている。「深層防護」は基本的には「事故を起こさない」、「起こしても拡大させない」、「起きたとしても公衆に被害を及ばせない」ための考え方である。これまで、我が国では「多重防護」[1]と呼び、従来、原子炉施設の場合には、①異常の発生防止、②異常の拡大防止と事故への発展の防止、③放射性物質の異常な放出の防止、の3段階からなるとしてきた。一方、IAEA等では苛酷なプラント状態の制御、放射性物質の大規模な放出による放射線影響の緩和を含め5段階の防護レベルを定義しており、我が国においても原子力安全委員会において深層防護（多重防護、どちらも、Defence in Depth の邦訳）の考え方を整理する検討が行われ、また原子力安全・保安院においてもシビアアクシデント対策の在り方の検討を通して、この深層防護の考え方の整理が開始され、現在は原子力規制委員会／原子力規制庁において引き続き整理が行われている。

「深層防護」の定義や概念として明文化されたものは少ないが、ＩＡＥＡによる報告書INSAG-10: Defence in Depth in Nuclear Safety、並びに安全基準としてIAEA SAFETY STANDARDS SSR-2/1 "Safety of Nuclear Power Plants : Design Safety Requirements" が発行されている。

ＩＡＥＡの定義では "Defence in Depth"（深層防護）を「運転時の異常な過渡変化の進展を防止し、運転状態及びいくつかの障壁では事故条件として放射線源又は放射性物質と従業員及び公衆又は環境との間に設置された物理障壁の有効性を維持するための様々なレベルの多様な装置と手順の階層的な展開。」と定義している。また、深層防護の目的は（a）潜在的な人的失敗及び機器故障を補償する（b）施設と障壁それ自身に対する損傷を回避し障壁の有効性を維持する（c）障壁が完全に効果的でな

[1] 我が国において多重防護の定義として明文化されたものは少ないが、平成四年五月二八日付け原子力安全委員会決定文（平成九年一〇月二〇日一部改正）「発電用軽水型原子炉施設におけるシビアアクシデント対策としてのアクシデントマネジメントについて」において『1．我が国の原子炉施設の安全性は、現行の安全規制の下に、設計、建設、運転の各段階において、①異常の発生防止、②異常の拡大防止と事故への発展の防止、及び③放射性物質の異常な放出の防止、といういわゆる多重防護の思想に基づき厳格な安全確保対策を行うことによって十分確保されている。（以下、省略）』としている。また、用語の定義として明文化しているものとしては、平成一六年六月一〇日原子力安全委員会了承「放射性廃棄物処分の安全規制における共通的な重要事項について」の主な用語解説がある。原子力安全委員会では、平成二三年二月から平成二四年三月に実施した「当面の施策の基本方針の推進に向けた外部の専門家との意見交換－安全確保の基本原則に関すること」の中でＩＡＥＡの安全基準等を参考に多重防護についての考え方を整理する検討を行っている（意交基原第８－２号、平成二四年三月七日）。

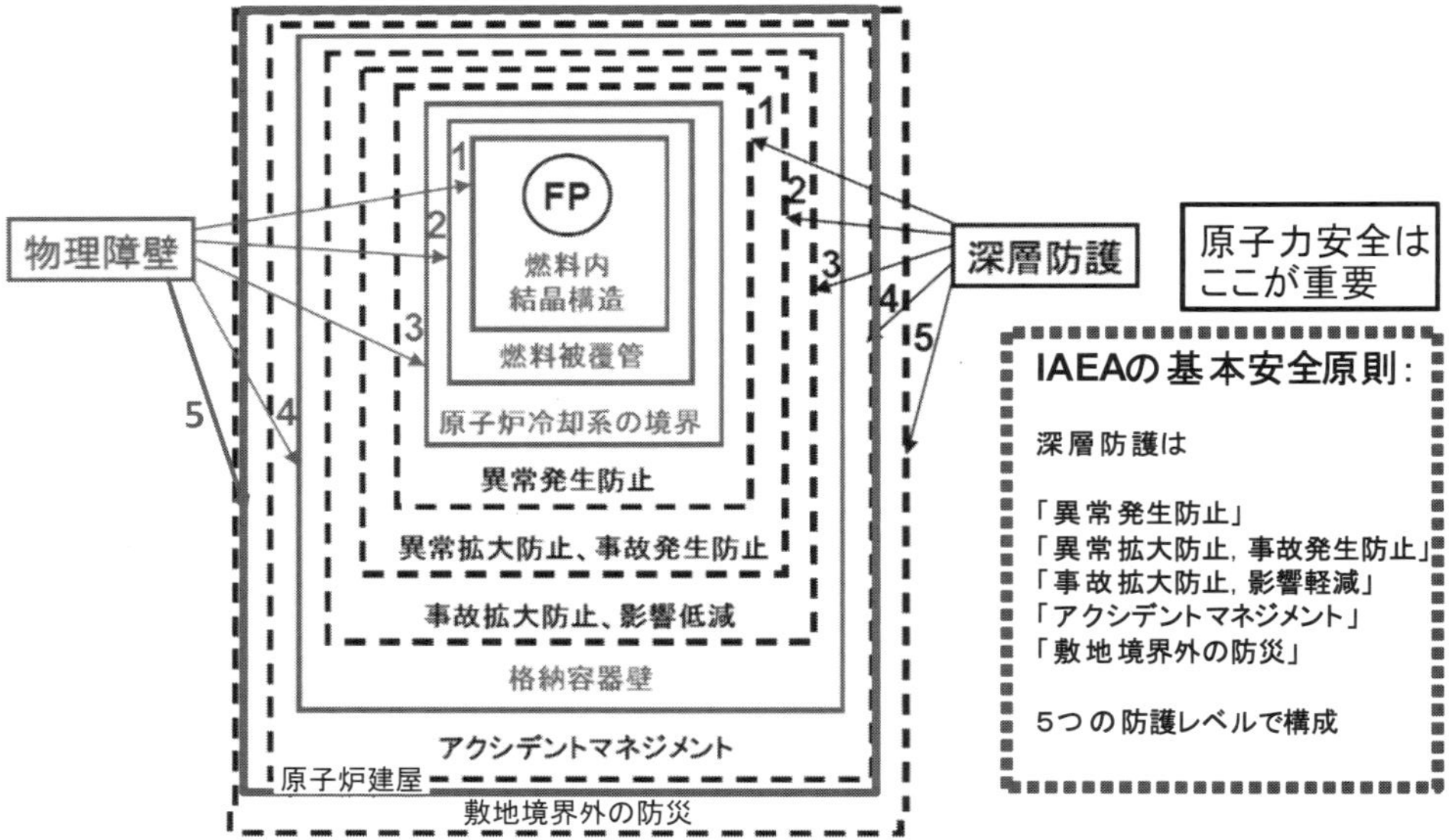

第 4-1 図　放射性物質放出に対する物理障壁と深層防護
（参考文献　12）を一部修正）

いような事象の事故条件で従業員、公衆及び環境を危害から防護する、としている。

同様に米国ＮＲＣにおいても深層防護を「放射性及び危険性物質を放出する事故を防止し、緩和する原子力施設を設計及び運転するアプローチ。重要な点は、どのように頑健なものであるかにかかわらず単一の層を頼りにせずに、潜在的な人的及び機械的な失敗を補償する多重の独立で冗長な防護層を作ることである。深層防護には、接近（アクセス）管理、物理障壁、冗長で多様な主要な安全機能、および緊急時対応手段の使用を含む。」と定義しており、両者の基本的な相違はない。また、NRC NEWS No.S-04-009（二〇〇四年六月三日）「非常によく練られた計画（ＮＲＣの深層防護哲学）」において安全とセキュリティと緊急時対応を総合的に考えるべきものということで深層防護を捉えている。

4・2・1　深層防護の必要性

深層防護の原語である"Defence in Depth"の概念は、軍事以外の分野にもよく使われているが、そもそも縦深防御といわれる戦闘教義の一つである。縦深防御は、攻撃側の前進を防ぐのではなく、前進を遅らそうとすることを目的とする。それにより、時間を稼ぎつつ、攻撃側の前進による占領地域の増加と引き換えに敵の犠牲者を増加させる戦略である。例えば、炉心に大量の放射性物質を内蔵している原子力発電所のような、人と環境に対して大きな放射線リスクが内在するもののハザードに対しては、その影響（リスク）の顕在化を徹底的に防ぐことが必要となる。そのため原子力の分野においては、人と環境を護るためにこの概念に沿って積極的な防護策（戦略）を講じている。

人と環境を防護するにあたって、ある一つの対策が完璧に機能するのであれば、対策はそれだけで十分なはずである。しかし、放射線や放射性物質が制御されずに環境中に放出される原因から、それらが人と環境に影響を与えるまでの諸所の現象には人知が及ばない振る舞いが存在する。また、一般に対策は、ある想定に基づいてとられるため、その想定から除外される事項や人知が及ばない事項が存在する。すなわち、人と環境に影響を与えるまでの諸現象や対策の効果には不確実さが存在する。したがって、一つの対策は、ある非信頼度（unreliability）を有するということになり、完璧な対策とはなり得ない。そのため、人と環境に対する危険性の顕在化を徹底的に防ぐ必要があることから、一つの対策では防げない不確実な事柄に対して、別の対策により防護策全体の信頼性を高めることが必要となる。このように、一つの対策では防げない不確実な事柄を考慮して、人と環境に対する防護策全体の信頼性を高めるために適用されるのが深層防護の考え方になる。これらの考え方は、米国NRCにおいても、NUREG-1860において、深層防護の目的は不確実さに対する備えであるとしており、深層防護は、原子力施設において異常や事故等が発生した場合に被害を防止・緩和するために安全裕度を含む一連の手段を用いることによって不確実さを取扱うために用いられるNRCの安全思想の要素であるとしている。

4・2・2　深層防護の基本的な考え方

深層防護の基本的な考え方は、我が国における「多重防護」（従来、良く使われてきた用語）においても、IAEAやNRCと同様に、安全に関連するすべての活動に独立した多層の防護措置を準備し、万一故障や失敗が生じた場合には、それを検知し、補償する、又は適切な措置により是正することを保証することである。深層防護においては、防護レベルを多段的に設け、一つの防護レベルが損なわれることがあっても全体の安全が脅かされることのないようにするという考え方を採っている[2]。つまり、異なる防護レベルが各々独立して有効に機能することが全てのプラントにおける深層防護の基本的な要素であり、これは一つの防護レベルが損なわれても他のレベルが損なわれることのないような防護措置を講じることによって達成される。

(1)　この深層防護の考え方を組織や行動を初め、設計と運転の全てにわたって適用することにより、プラント内部の設備の故障又は人間起因の事象を含め、運転時に予想される事象および事故並びにプラント外部に起因する事象に対して防護することができる。

(2)　深層防護に基づくシステムの設計では、フィードバックを活用して故障の許容される範囲を制限するプロセス管理が含まれている。プラントの運転パラメータを明確に定義された範囲内に維持することによって物理的障壁が保護され、障壁が危険な状態に陥ることはない。また、慎重なシステムの設計によって、小さな逸脱状態がプラントの極めて異常な挙動を促進し、損傷を発生

2　防護レベルを多段にするということは、異常の拡大を想定してそれを防止・低減する防護対策を講じることを繰り返して防護システム全体の信頼性を高めるということである。一方、単一の防護レベルの防護対策に、例えば冗長性や多様性を持たせるということは、その当該防護レベルの防護対策の信頼性を高めるということであり、他の防護レベルの防護対策の信頼性が高まるということではない。つまり、冗長性や多様性を持たせることによって、防護レベルを多段とすることを置き換えるものではない。

させる、いわゆる「クリフエッジ効果」の発生が防止される。

4・2・3　ＩＡＥＡの深層防護の防護レベル[3]

(1)　ＩＡＥＡでは深層防護の防護レベルは、深層防護の考え方を原子力発電プラントの設計に適用して、人及び環境への放射線の有害な影響を防止し、並びに、その防止が失敗した場合には有害な影響の適切な防護と影響の緩和を確保するために次の５つのレベルの防護（固有の機能、設備および手順）を備えることとしている。

第４－１表は、ＩＡＥＡの深層防護の各防護レベルの目的と、それを達成するための基本的な手段をまとめたものである。

(2)　設計で考慮するプラントの状態は、「運転状態」と「事故状態」に大別される。前者は、さらに、「通常運転」と「運転時の異常な過渡変化」に分類され、後者は、「設計基準事故」と「設計拡張状態（DECs: Design Extension Conditions）」[4]に分類される。この４つの運転状態における防

---

[3] プラントの通常運転時には、すべてのレベルの防護が常に利用可能である。その他の場合には、適切なレベルの防護が利用可能となる。いくつかのレベルの深層防護が存在していれば、どれかのレベルの防護が欠如していても良いという訳ではない。

[4] 設計拡張状態：設計基準事故としては考慮されない事故の状態であるが、発電所の設計プロセスの中で最良推定手法に従って検討され、また、放射性物質の放出を許容限度内に留める事故。設計拡張状態はシビアアクシデント状態を含む。

第 4-1 表　IAEA の深層防護の防護レベル

	防護レベル	目的	目的達成に不可欠な手段	関連するプラント状態
プラントの当初設計	レベル 1	異常運転や故障の防止	保守的設計及び建設・運転における高い品質	通常運転
	レベル 2	異常運転の制御及び故障の検知	制御、制限及び防護系、並びにその他のサーベランス特性	通常運転時の異常な過渡変化（AOO）
	レベル 3	設計基準内への事故の制御	工学的安全施設及び事故時手順	設計基準事故（想定単一起因事象）
設計基準外	レベル 4	事故の進展防止及びシビアアクシデントの影響緩和を含む、過酷なプラント状態の制御	補完的手段及び格納容器の防護を含めたアクシデントマネジメント	多重故障 シビア・アクシデント（過酷事故） ［設計拡張状態］
緊急時計画	レベル 5	放射性物質の大規模な放出による放射線影響の緩和	サイト外の緊急時対応	

護対策が、深層防護の防護レベル1～4までの防護対策に対応している。

① 第1の防護レベルは、異常運転や故障の防止である。適切な品質レベルと工学的手法（例えば多重性、多様性及び独立性の適用）にしたがって、原子力発電所を健全かつ保守的に設計、建設、保守及び運転する。

② 第2の防護レベルは異常運転の制御及び故障の検知である。予期される運転時の事象が事故状態に拡大するのを防止するために、通常運転状態からの逸脱を検知し、阻止する。

③ 第3の防護レベルは、設計基準内への事故の制御である。運転時の異常な過渡変化や想定起因事象の拡大が第2の防護レベルで阻止できず、より重大な事象に進展するような事態を制御された状態に導き、安全停止を確保する。

④ 第4の防護レベルは、事故の進展防止及びシビアアクシデントの影響緩和を含む、苛酷なプラント状態を制御して、閉じ込め機能を防護し、放射性物質の放出を実行可能な限り低く抑える。

⑤ 第5の防護レベルは、放射性物質の大規模な放出による放射線影響の緩和である。これには、適切な機材を備えた緊急時管理センターや発電所内外での緊急時対応計画が要求される。

4・2・4 防護対策と安全評価の考え方

(1) 防護対策について

① 安全重要度と防護対策：防護対策に係る設備等に対して、適切に安全上の要求を課すためには、

設備等が有する安全機能を、その重要度に応じて分類する必要がある。これらの分類は、従来、防護レベルに対応してその重要度を分類する手法がとられていたが、本来、この重要度分類は当該の設備等がどの防護レベルにあたるかで決まるのではなく、あくまで深層防護対策全体を見渡した総合的評価のもとに重要度が分類される必要がある。つまり、安全上の重要度は、設備等が有する安全機能、安全機能が喪失した場合の影響、安全機能を達成することが要求される頻度、安全機能の継続維持が必要な期間等を考慮に入れ総合的に評価し、分類されることが必要である。

設計基準事象を超える状態についてもＩＡＥＡの防護レベル４の防護対策に該当する設備等が十分にカバーしている。

また、防護レベル４を達成する手段、つまりそのために講じられる措置は本来的に、恒久設備で対応しようと、可搬式設備で対応しようと機能と信頼性を満たすものであればいずれでも良いし、その両者を組み合わせたものでも良い。一般的に、設計基準事象に対する防護レベル３のために講じられる措置は、性能及び信頼性が担保された恒久設備と、その適切な運転（適切な運転手順とその履行）によるが、設計基準事象を超える状態では、防護レベル４の性能と信頼性を設計基準事故と同様に恒久設備（主に新設炉の場合）で対応するか、恒久的に設置できない場合や様々な事態に柔軟に対応するため、可搬式設備（性能は確保される）で対応し、新たな信頼性を担保する措置を講ずることが考えられる。この信頼性を担保する措置が、アクシデントマネジメント手順とその訓練である。また、人的操作が介入する場合には人的因子の不確かさを考慮する必要がある。

② 設計拡張基準事象を超える状態の防護対策の信頼性：また、設計基準事象を超える状態を制御するための安全機能を有する設備等を対象に、安全機能の信頼性又は品質要求を決める際には、これらの設備等に対しては、単一故障基準を適用する必要はないものの、設計基準事象を超える状態において要求される機能の重要度と釣り合った信頼性を確保するために必要であれば、多重性又は多様性を要求する必要がある。また、シビアアクシデント時の環境条件を適切に考慮した安全機能の信頼性又は品質要求とする必要がある。

③ 人的操作の信頼性：防護レベル４の設計基準事象を超える状態に対する防護対策が実効的・効果的に機能するためには、設備等に加えて手順に基づいた必要な人的操作が適切になされるとともに、突発的な状況に対応できる応用動作能力が必要である。このため、シビアアクシデントの様々な態様を考慮したマニュアル等を整備するとともに、突発的な状況を考慮した応用動作能力の育成を含めた教育・訓練が定期的に実施される必要がある。防護対策の有効性・信頼性の確認は、設備等と人的操作を組み合わせた総合的なパーフォーマンスを確認すべきであり、こうした訓練を通して行っていくことが適切である。

(2) 安全評価について

① 安全評価では、設計基準事象を超える状態として、シビアアクシデントの発生防止（第４－１表に示すレベル４での〃過酷な炉心損傷の防止〃を指す）を確実にする目的で一連の多重故障状態を設定し、また、影響緩和を確実にする目的で格納容器への負荷を適切に包絡する一連の事故状態（シビアアクシデント状態）を設定する。設計拡張状態に対して、防護レベル４までの防護

対策によって判断基準を満たすことを決定論的手法、確率論的手法及び工学的判断を用いて評価、確認する。

② これらの評価においては、最適予測評価を適用することができる。その際には、判断基準との比較等において、初期事象や事象進展、評価モデル・入力データ等の不確実さが大きい部分については一定の保守性を確保する。また、決定論的手法において運転員操作を考慮する場合、高い信頼性をもって実施可能なものに限定する必要がある。

4・3 設計基準事象と設計基準、およびそれを越える事態への対応の基本的考え方【参16】

プラントの設計は、これまで設計基準事象（事故）、即ち、従来の深層防護のレベル１－３の範囲で行われており、安全上重要な設備はこの想定範囲で多重に、多様に、様々な事象に対応でき、原子力安全が十分に確保されるように準備されてきた。これまでの考え方は、様々な事象、特に外的事象としての自然現象への対応については、主に地震動に対しての設備設計においては、設計基準の脅威を過去のデータを基準に、科学的に想定される範囲で保守的に扱い、多少の設計基準を超える事態にも構造健全性が確保されるように、基準内では十分に余裕のある設計、製造を行ってきた。しかし、地震動においては、これまでにも何度か基準を超える事態が発生しており、基準を越える事態への対応や基準の考え方の見直しなどの必要性は理解されてきた。一方、地震動が基準を大きく超える事態となっても、原子力発電所の運営や設備の健全性に影響を与える事態にまでは至らず、設備には十分な余裕のあることが実証され、それが翻って、自然災害全体に原子力発電所の設備には余裕があるという認識に至ったのではないか。すなわち、原子力発電所の設備は設計で十分に対応しており、それを超える事態にも十分な健全性が確保され、シビアアクシデント（過酷事故）に至るような事態は発生しないものとの考えが強かったのではないかと推察される。

また、この設計基準を超える事象に対しては、「前段否定」とする深層防護の考え方を適用し、立地の妥当性を評価するために仮想事故を想定し、相当量の放射性物質の格納容器への放出を想定し、基本的には放射性物質は排気塔から放出される。すなわち、格納容器は健全であるとの前提の下に、機構論的に事象の進展を詳細に評価した過酷な事故の発生を想定した具体的なものではなかった。

設計では、原子力発電所全体のシステムとしての安全評価が必要である。今回の事故を踏まえると、単一機器の故障、機能損傷のみを考えるのではなく、多数基同時故障・機能喪失や共通要因故障・機能喪失を考えて、なおかつ互いのシステムが影響しあい、故障・機能喪失が伝播する事故を考える必要がある。一方、設計基準事象を超える場合、いわゆるシビアアクシデント（過酷事故）領域での対応は、事象、事態により対応が異なることから、この深層防護のレベル4ではシナリオが重要となる。これできる限り多くのシナリオを想定し、それぞれに対応できる方策を準備することが必要となる。これを継続することが想定外をなくすことにもなり、継続の仕組みを整備することが重要である。また、

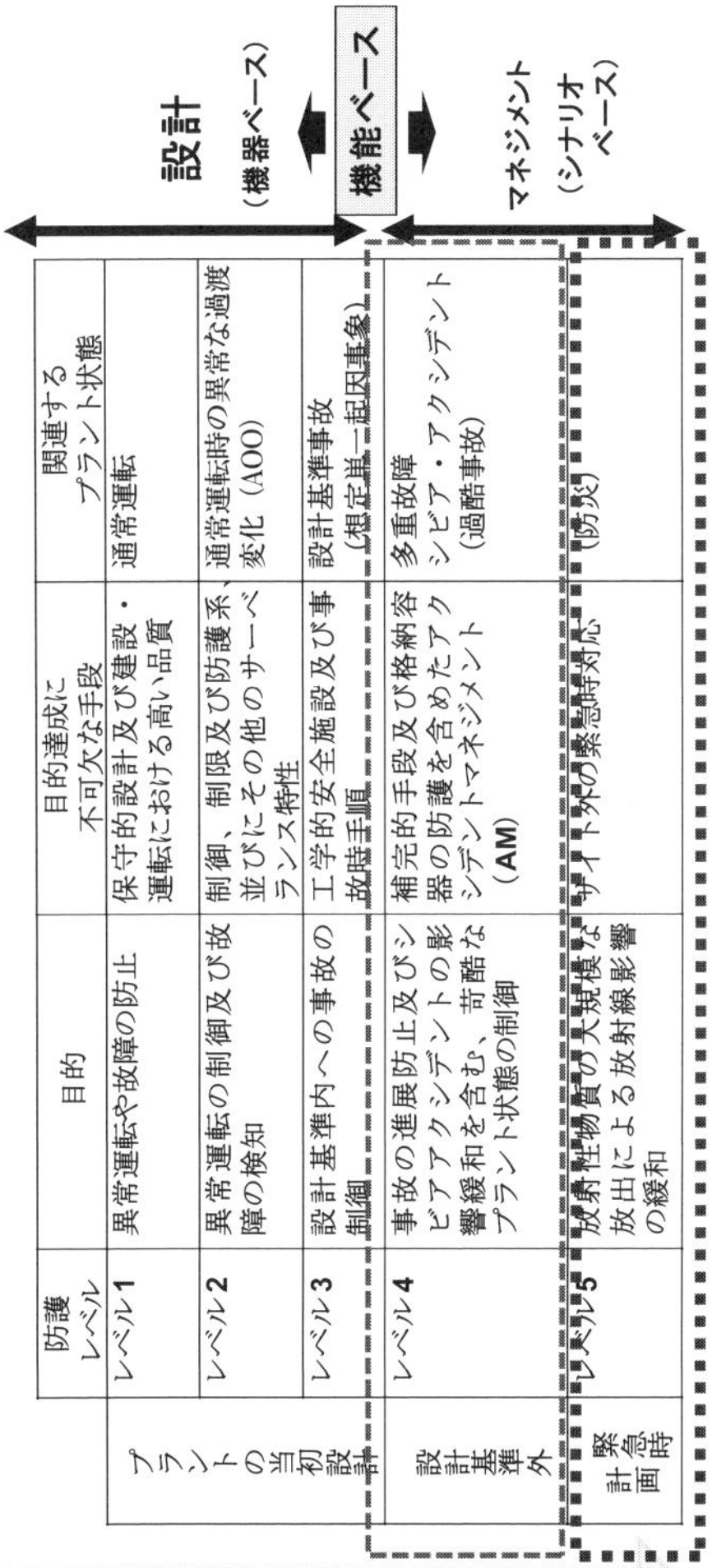

	防護レベル	目的	目的達成に不可欠な手段	関連するプラント状態
プラントの当初設計	レベル1	異常運転や故障の防止	保守的設計及び建設・運転における高い品質	通常運転
	レベル2	異常運転の制御及び故障の検知	制御、制限及び防護系、並びにその他のサーベランス特性	通常運転時の異常な過渡変化（AOO）
	レベル3	設計基準内への事故の制御	工学的安全施設及び事故時手順	設計基準事故（想定単一起因事象）
設計基準外	レベル4	事故の進展防止及びシビアアクシデントの影響緩和を含む、苛酷なプラント状態の制御	補完的手段及び格納容器の防護を含めたアクシデントマネジメント（AM）	多重故障 シビア・アクシデント（過酷事故）
緊急時計画	レベル5	放射性物質の大規模な放出による放射線影響の緩和	サイト外の緊急時対応	（防災）

第4-2図　IAEAの深層防護の考え方と設計基準の対応

現在の知を持っても想定出来ないシナリオもあろう。それを承知の上で、設備や手順を標準化して規格化し、常に新しい知見を取り入れて見直しを進めて行くことで、より系統的な対応が取れる仕組みが構築されるものと考える。

プラントの設計は設計基準事象（事故）の範囲で行われており、設備はこの想定範囲で多重に、多様に、様々な事象に対応できるように準備されている。これまでの考え方は、様々な事象、設計基準の脅威を十分に大きく取っておき、設計基準を超える事態が発生しないとしてきた。従って、これまではTMIやチェルブイリでの事故の例から、主に内的事象に重点を置いて設計で十分に対応しており、それを超える事態は発生しないものとの考えが強かった。一方、外的事象としての自然現象への対応については、日本の特殊事情から地震動への関心が高く、原子力発電の導入当初から、研究も多くきめ細かな対応を進めて来た。阪神大震災の教訓を生かし、最新の知見を生かして二〇〇六年には耐震設計指針の見直しが行われた。各発電所ではバックチェックが行われ、必要な手立てが取られてきた。この改定において基準地震動の策定法を見直すとともに、万一の基準地震動を超える場合を想定しての対応が示され、安全評価の手段としてリスク評価を行うことが議論されることとなった。最終的には「〃残余のリスク〃を評価する」と自主的な対応に留まってはいるが、PRAに踏み込んだ評価の考え方が確立された。二〇〇七年には中越沖地震が発生し、東京電力柏崎刈羽原子力発電所では大きく基準地震動を越える事態となったものの、進めてきたバックチェックを生かし、十分に余裕があり、重要設備の構造健全性が確認されることとなった。これらの結果を踏まえ、全国の原子力発電所での耐震バックチェックが進むこととなった。

耐震基準のように設計基準を満たす設備を施すことはもちろん必要であるが、今回の地震・津波でも明らかなように、発生頻度は極めて小さいものであり、発生の可能性はほとんどない事象でも、設定した基準を超える事態の発生は免れない。重要なことは、基準を超えるような事態に対する備えである。そのような時に、原子力発電所に起きる不具合を幅広く想定し、そのそれぞれの条件において原子力発電所全体のシステムとして「原子力安全」を確保するために必要な機能はなにか、を明確にして臨機応変に対応することである。すなわち、アクシデントマネジメントが大切であるということである。自然災害は予測が難しい。どんな場合でも対処できるようにすることは不可能であり、対処しない場合と同じ事になりかねない。そこで、広く様々な想定を行い、それぞれの事態に対応できるように予めマネジメントの訓練をして準備しておくことが、応用動作として想定出来なかった事象に対応する最善策になると考える。

設計基準を超える事象に対しては、深層防護の考え方を適用し、〃前段否定〃として過酷事故が発生した場合への対応や重大事故（原子力規制委員会の新規制基準においては、シビアアクシデントに相当する事故を「重大事故」として対応する基準を作成している）が発生した場合の対応を、概念として設定し対策を取ってきた。しかし、〃前段否定〃をしたがために、これまでの対応は具体的なものではなかった。設計基準を超えることが〃前段否定〃であると認識し、事故のシナリオを考えてそれぞれの事故に対応できる体制、方策が必要なのである。

設計では、原子力発電システムとしての安全を担保することが求められており、それには十分に耐えるものができるであろう。**第4－3図**には、原子力発電所に必要な重要な機能を示す。それは、「止める」制御機能、「冷やす」冷却機能、「閉じ込める」バウンダリ機能であり、その他には電源供給などの共通の重要な機能と遮蔽、空調などの共用の機能を示している。それらの機能は、さらに要素系統毎に分けて果たす役割毎に「サブ機能」として示した。機能は必ずしも設備だけではなく、手順や取り扱いなども重要な要素となるが、まず機能を構成する、それぞれ、ＰＷＲとＢＷＲで代表的な構造物、機器、系統名を例示した。図に示すように、深層防護を考慮した重要な機能に絞り、その機能を維持することに必要なシステムや機器の構成を抽出し、その機能の維持や喪失に着目することで、原子力発電所のシステム全体の機能の把握が可能となる。特に共通要因による機器、システムの損傷や事故の多重性を考慮すると、必要な機能を最小限確保することを考えの中心に置き、互いの関連を踏まえながら、事態の進展と共にこの機能を維持する仕組みを構築しなければならない。単一機器の故障、機能損傷のみを考えるのではなく、多数基同時故障・機能喪失や共通要因故障・機能喪失を考えて、なおかつ互いのシステムが影響しあい、故障・機能喪失が伝播する可能性があれば、それらを考える必要があると言える。

ここで挙げているのは、原子力発電所に必要な重要な機能である。それらは、バウンダリ機能、冷却機能、制御機能であり、その他に挙げた電源供給機能と合わせて原子力発電所に基本として必要な重要な要素である。原子力発電所の設計は、これらの機能が適正に結びつき維持されることで成り立っている。それにより設計基準内のどのような事象に対しても、設備の健全性、安全性が確保されるこ

機能	サブ機能	構築物、系統又は機器	
		PWRの例	BWRの例
バウンダリ機能の例	1)原子炉冷却材圧力バウンダリ機能	バウンダリを構成する機器・配管系(計装等の小口径配管・機器は除く)	バウンダリを構成する機器・配管系(計装等の小口径配管・機器は除く)
	3)原子炉冷却材圧力バウンダリの過圧防止機能	加圧器安全弁(開機能)	SR弁の安全弁機能
	6)放射性物質の閉じ込め機能、放射線の遮へい及び放出低減機能(1)	原子炉格納容器、アニュラス、原子炉格納容器隔離弁、原子炉格納容器スプレイ系、アニュラス空気再循環設備	PCV、PCV隔離弁、PCVスプレイ冷却系、FCS
	6)放射性物質の閉じ込め機能、放射線の遮へい及び放出低減機能(2)	安全補機空気浄化系、可燃性ガス濃度制御系	R/B、SGTS、非常用再循環ガス処理系(関連系)排気筒(SGTS排気管支持機能)
冷却機能の例	3)炉心形状の維持機能	炉心支持構造物、燃料集合体(但し、燃料を除く)	炉心支持構造物、燃料集合体(但し、燃料を除く)
	4)原子炉停止後の除熱機能	残留熱を除去する系統：　余熱除去系、補助給水系、SG2次側隔離弁までの主蒸気系・給水系、主蒸気安全弁、主蒸気逃がし弁(手動逃がし機能)	残留熱を除去する系統：　RHR系、RCIC系、HPCS系、SR弁(逃し弁機能)、自動減圧系(手動逃し機能)
	5)炉心冷却機能	非常用炉心冷却系：低圧注入系、高圧注入系、蓄圧注入系	ECCS：RHR系、HPCS系、LPCS系、ADS
制御機能の例	2)過剰反応度の印加防止機能	制御棒駆動装置圧力ハウジング	CRカップリング
	1)原子炉の緊急停止機能	原子炉停止系の制御棒による系	スクラム機能
	2)未臨界維持機能 (1)	原子炉停止系	CR/CRD系
	2)未臨界維持機能 (2)	原子炉停止系	SLC系
その他の例	7)工学的安全施設及び原子炉停止系への作動信号の発生機能	安全保護系	安全保護系
	8)安全上特に重要な関連機能	・非常用所内電源系、 ・制御室及びその遮へい ・換気空調系、 ・原子炉補機冷却水系、 ・直流電源系、 ・制御用圧縮空気設備 (いずれもMS-1関連のもの)	・非常用所内電源系、 (関連系)DG燃料輸送系、 DG冷却系 ・制御室及びその遮蔽・非常用換気空調系、 ・非常用補機冷却水系、 ・直流電源系、 (いずれもMS-1関連のもの)

第4-3図　重要な機能とそれを構成するシステム・機器

とが担保されるのである。

一方、設計基準事象を超える場合の対応は、事象、事態により対応が異なることから、このレベルではシナリオが重要となる。多くのシナリオを想定し、それぞれに対応できる方策を準備することが必要となる。その上で、設備や手順を標準化して規格化して行くことで、より系統的な対応が取れる仕組みが構築される。

第4－4図には、深層防護と機能の関係を示した。各機能は、それを構成するサブ機能としてそれぞれの役割で、深層防護の各層にあてはめられる。図には、その機能が喪失した場合にどの機能がバックアップするのかの例も合わせて示している。その前段には電源の確保があるが、電源は全ての源であり、電源の不要な設備は極めてまれである。もちろん電源にもバックアップがあり、機能展開が必要である。

深層防護のレベル3を超えると、設計基準事象（事態）を超えた深層防護のレベル4の過酷事故の領域に入ることになる。この領域は、様々な事態に対する対応が必要となる。先にも示したが、いかに広く想定して対応策、特に重要となる基準設計の設備だけではなく、その他の設備や基準設備の活用などを含めた人的要素の強い対応、ソフト面の対応を検討しておくかがカギとなる。万一の全電源喪失等を考慮すれば、例えば、バルブの開閉操作は手動でも行えるように十分配慮することも重要である。

深層防護	バウンダリ機能	冷却機能	制御機能	その他(共通機能)
第１層	・原子炉冷却材圧力バウンダリ(PS-1) ・原子炉冷却材を内蔵する(PS-2) ・原子炉冷却材圧力バウンダリに直接接続されていないものであって、放射性物質を貯蔵する(PS-2) ・放射性物質放出の防止(MS-2) ・原子炉冷却材保持(PS-1/2以外)(PS-3) ・放射性物質の貯蔵(PS-3) ・核分裂生成物の原子炉冷却材中への拡散防止(PS-3)	・炉心形状の維持(PS-1) ・通常時炉心冷却(PS-3)	・過剰反応度の印加防止(PS-1) ・原子炉冷却材の循環(PS-3)	・燃料を安全に取り扱う(PS-2) ・電源供給(非常用を除く)(PS-3) ・プラント計測・制御(1)(2)(3)(安全保護系除く)(PS-3) ・プラント運転補助(1)(2)(PS-3) ・原子炉冷却材の浄化(PS-3)
第２層	・原子炉冷却材圧力バウンダリの過圧防止(MS-1) ・安全弁及び逃がし弁の吹き止まり(PS-2)	・原子炉停止後の除熱(MS-1) ・制御室外からの安全停止(MS-2) ・原子炉圧力の上昇の緩和(MS-3) ・原子炉冷却材の補給(MS-3)	・原子炉の緊急停止(MS-1) ・未臨界維持(制御棒による系)(MS-1 ・未臨界維持(ほう酸水注入系)(MS-1 ・出力上昇の抑制(MS-3)	第2、3層共通 ・工学的安全施設及び原子炉停止系への作動信号の発生(MS-1) ・安全上特に重要な関連(1)(非常用所内電源系)(MS-1) ・安全上特に重要な関連(2)(制御室)(MS-1) ・安全上特に重要な関連(3)(原子炉補機冷却水系)(MS-1) ・安全上特に重要な関連(4)(直流電源系)(MS-1)
第３層	・放射性物質の閉じ込め機能、放射線の遮へい及び放出低減(PCV)(MS-1) ・放射性物質の閉じ込め機能、放射線の遮へい及び放出低減(R/B)(MS-1)	・炉心冷却(MS-1) ・燃料プール水の補給(MS-2)		・事故時のプラント状態の把握(MS-2)
第4，5層 （＊）	・過酷事故対応(PCVベント)(MS-3)	・過酷事故対応(補給水系)(MS-3) ・過酷事故対応(消火系)(MS-3)	・過酷事故対応(ほう酸水注入系)(MS-3)	・緊急時対策上重要なもの及び異常状態の把握(1)(2)(3)(MS-3)

・機能毎、深層防護のレベル毎にスコア(例:リスク)を得ることで、保全による効果、影響が適切に評価される。
・ハザードの大きさにより深層防護のレベルが進展することが把握される。

共通要因の電源系・作動信号系は全ての機能維持に重要

第 4-4 図　主要な機能と深層防護の関係

4・4　運転プラントへの対応／バックフィットへの取り組み

運転プラントの原子力安全の確保は、常に新たな知見を反映しながら安全確保の方法や仕組み、手順などを継続的に見直して行かなければならない。いわゆる品質保証のＰＤＣＡを着実に実施することである。これは、新知見の運転プラントへの反映、すなわちバックフィットにもつながる。そこでバックフィットの進め方に関連し以下に示すような考え方を整理する必要がある。

4・4・1　システム安全の導入

システム安全の考え方として、機器単体や個別の機能に係る健全性の確保を基本とする安全確保ではなく、機器、配管、その他の構造を含む系統および系統全体を、静的なまた動的な関連を含めて評価することで、原子力発電所をシステム全体として総合的に安全を確保する仕組みを取り入れることが有用と考える。それにより、多数基立地への対応として、個別の発電ユニットだけでなく複数のユニットを持つ原子力発電所全体でのシステム安全の確保という概念も取り込むことができる。

原子力発電プラントの原子力安全を確実にする方策として、このような「システム安全」の概念を導入して、プラント全体を各システムの構成要素の関係、また各システムや構成要素の機能変化について体系的にとらえ、総合的に評価を行い安全確保を図る事も有用である。

特に運転プラントの「システム安全」の評価においては、要点は二つある。一つは、プラントの構成が実部材、実際の設備により構成されることであり、構成機器、部材などの強度等の実力が明らかである点である。一つは、構造健全性や安全性確保の考え方や判断基準が評価の時点や判断する環境に依存することである。すなわち、時間変化を考えることである。

経年プラントに対して実施する技術評価を高度化【参16】する観点から、最新知見を取り入れて、材料の経年劣化進展に伴う安全裕度の低下に係る予測手法の導入や予測精度の改善を図る。また、プラントの型式やシステム設計に付随した安全裕度の考え方、プラントシステムを構成する機器、構造物、計装系等の点検・補修・取替に係るプラント固有の保全履歴等も考慮して、平常運転時さらには過渡・事故条件での経年プラントの健全性を検証する総合的な安全評価体系を整備することが求められる。

4・4・2　基本的な考え方

プラントの運転時間と信頼性（機能維持：機能喪失リスク）の関係において、設計建設時からの時間とともに機能劣化が進むということを、構造材料の劣化にのみ着目するのではなく、先に示したように重要な要素としての「機能」そのものに着目し、機器や系統が持ついくつかの役割をそれぞれの機能で表し、それが時間と共にどのように劣化するかを評価して必要な機能を満足しているのかを、機能の喪失確率、もしくはその影響も加味した機能喪失リスクにより評価する。この時、時代の進展に伴い新たな知見が得られ、安全に対する考え方の変化や現象のメカニズムが明確になることで、安全設計基準が変化する。これに対応し、評価基準の変化や安全の考え方に基づく設計の見直しの、運転プラントへの反映を適切に行うことも忘れてはならない。開発のシステム安全の評価法は、適切に「今」の時点での安全評価を行えるようにするものである。

運用から時間がたった時点（運転プラント）での、機能が劣化することで機能を喪失する評価を系統全体で行う。その時に基準となる制限値や安全の仕組みを設計時ではなく、現時点のものを採用して評価することで、課題が浮かび上がり、必要な対策が見えて来る。もちろん、40年の設計寿命の中での安全の考え方の変化への対応や常に新しい知見を基にした改造などを行って行くが、設計寿命を超えた期間の運用については、現状の安全基準に対する安全評価を適切に行うことで、継続して運用することにおいての安全確保が行える【参17】。

第4－5図に設計から建設、運転の流れの中での機能劣化と安全基準の変化の関係を示す。

「システム安全」としての評価手法、特に経年プラントとして、特に運転プラントとして、プラントの建設後、どの時点においても定量的に安全のレベルを知ることができる仕組みを提供するものである。その概念を以下に示す。

まず、劣化事象は上述のように、単純な材料の劣化事象を扱うのではなく、機能と結びつけて劣化を評価するものである。さらに言うなら、システム、系統の機能の劣化を評価することであり、単独の劣化要因を扱っての評価ではない。機能を扱うことで、機能の定量化、またその変化の定量化ができるということが重要なポイントとなる。これまでは、各部品の取替や配管材料の変更、溶接工法の変更など個別の対応は成されてきた。これらは、上位の設計基準の変更を伴わないものがほとんどであり、バックフィットというものではなかった。一部は詳細仕様規格の変更を伴うものであったが、

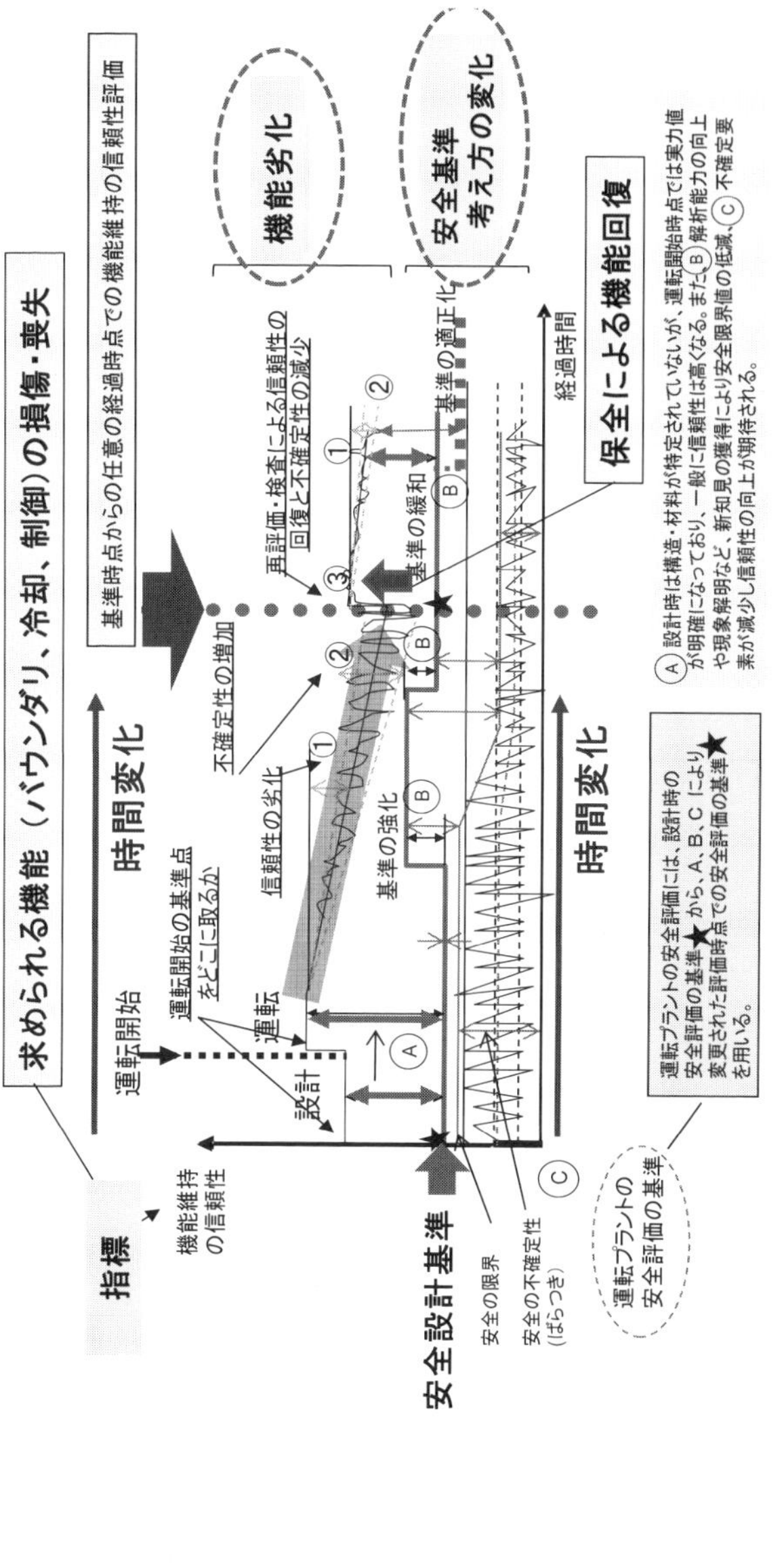

第 4-5 図　システム安全の評価手順

もちろんそれらは安全の考え方の変更ではなくバックフィットと言うものではない。原子力発電所の多くの構成機器、設備は常に最新の材料、設計設備に取り替えられてきており、劣化とはほど遠く最新の新品同様のものとなってきたのである。では、システムとしてはどうであったのであろう。

システム安全の評価のポイントは、一つはこれまで述べて来たように、運転のある時点（どの時点でも可能とするものであるが）で、系統の機能の信頼性を評価して、「原子力安全」に対する裕度を定量的に得ることである。もう一つは、その評価に際して、安全基準を明確にし、これまで執ってきた基準の変更は遡及しない方針を変え、当該プラントの設計・製作・建設時の基準から評価時点の基準に置き換えて評価するものである。すなわち、この考えは「バックフィット」ルールを適用するというものである。加えて、第三点は東京電力福島第一原子力発電所事故を踏まえると、安全評価は外的事象、自然災害のような大きな外力が加わった時の、原子力安全に対する信頼性を評価する必要があるとの考えを取ることである。第４－５図は、主に安全基準については、その限界値は必ずしも定量的に明確に示されるものではない。安全設計基準でも同じであり、定量的に示される場合は少ない。しかし、「原子力安全」においては、安全目標としてリスクや事故の発生確率のように定量的に示すことも必要である。例えば、これまでは、事故時の敷地境界での死亡リスクを10^{-6}／人・年程度以下としており、また、著しい放射線障害を受けないための許容値を定めている【参19】。更に、これを守るための性能目標を定め、ＣＤＦ（炉心溶融）のリスクを発生頻度10^{-5}／炉・年程度としている。このように最上位の限界を定めることは、難しいが国民全体としてコンセンサスを形成することが求められるものである（この議論は別章で行う）。しかし、これを系統や機器、部品の設計にまで落とし込む段階では、要求に直接一対一で対応する基準を示すことは難しい。そこで、それぞれの機能の達成基準、安全設計基準を定めて設計し、それの安全評価を行うことで目標とする安全性能の要求が達成できているかを確認するのが妥当と考える。しかし、実際は全体の安全基準と個々の設計基準との関連を明確にすることは難しく、一定の規則、管理基準に従い、それぞれの分野（項目）で独自に管理すれば、全体として整合性がとれるものとなるという考えが取られてきた。経年プラントでの評価では、時間が経ち安全基準が変わってきているのであるが、全体としての整合性のとれた定量的な評価が行われてこなかったことから、個々の基準も見直すことはなく、取り扱われている。しかし、実際には、30年、40年も経つと、安全基準の考え方はもちろん様々に変化してきている。対象に応じた適切な処置が必要である。特に、個々で取り組もうとしている、機器単体ではなく、機器の関連、システムとしての構成、また機能の影響の伝搬など様々な関連を明確にした上での、総合的な安全評価がこのシステム安全の評価である。

5　原子力安全を確実にするには

東京電力福島第一原子力発電所事故の直接的な要因については多くの指摘がなされており、その直接要因への対策についても具体的な検討がなされている。一方、事故を本質的に考えるに当たっては、「なぜ過酷事故にまで至ってしまったのか」の要因、すなわち直接的な要因の背後にあり、共通する真因を抽出し、分析して必要な対応を導き出し、実施することこそ必要なことである。

事故の認識と我が国での「原子力安全」の確保のための仕組みとその歴史を踏まえ、事故の真因を抽出し、以下に分析し対応策を提言する。

5・1　導入技術からの転換と安全の本質への取組み

我が国の軽水炉型原子力発電設備は一九六〇年代に米国から導入された。同時にその健全性の確保として、設計建設における〝ものづくり〟実務の基本である構造強度の基準として、ＡＳＭＥ（米国機械学会）規格、圧力容器と配管の規格などが導入され重用されてきた。従って、我が国では〝考え方〟、概念を構築することよりも、物理・工学などの学術論理を正確に作り上げることに重きを置く傾向にある。すなわち、原子力発電の導入の経緯もあるが、理解のしやすさもあり、構造強度偏重の規制が長く取られてきたのである。原子力発電所は、導入以来、様々なトラブル例えば、蒸気発生器細管の破損、応力腐食割れ、燃料棒破損、・・・などに見舞われてきた。その対応とその解決のための事象の解明や評価、研究など、多くの取り組みがなされ、それらは安全性向上に大いに役だってきたことも事実である。多くの規格基準への反映や補強、高度化にも役立ってきた。更には従事者の被ばく低減のための努力や安全の世界最高水準への努力は、改良標準化や新型炉の開発、機器システムの高度化研究等には多くの努力がなされてきた。その反面、原子力安全への注力は、原子力発電の成熟化とともに国の研究機関や民間において人材、資源の投入は減少してきたのは事実であり、この方面での近年の取り組み不足は否めない。

我が国はこの膨大な規格の習得と高度化に多くの資源を投入し貢献してきた。結果、実機のシステマティックな安全問題への関心は低下した。更に、国による「原子力品質」の確保の規制への踏み込みは、これに拍車をかけた。作業の分野にまで品質管理を導入し、機器毎に製品としては隅々まで健全性確保への気配りはできたが、書類の山を築くことに労力を費やすことになった。

一方、世界では米国のTMI事故や旧ソ連のチェルブイリ事故の経験などから、様々にシビアアクシデント時の安全確保の対応をとってきた。第2－1図に示すように、米国では早くから確率論的安全評価の手法（PSA）に取り組み、TMI、チェルノブイリ事故以降、PSA研究の成果として、着々と様々な安全策の導入がなされてきた。我が国においては、シビアアクシデントへの対応としての実験や解析など多くの研究が進められてきたが、実際の原子力発電炉でのシビアアクシデント対策の規制としての導入や確率論的安全評価への取り組みは遅れ、結果として欧米で取られた各種の安全策の検討や採用からは、遠ざかってしまったことは否めない。一九九〇年前後は、欧米並みに検討してきたが、事業者の自主的な対応と決めた後、継続的なフォローを行って来なかった。
必要なことは、原子力発電所においてあらゆる条件を想定して、システムとして「原子力安全」を確保するために必要な機能はなにか、ということを明確にすることである。このことは原子力だけの問題ではない、本質的な安全文化が醸成されていないことが社会として重要な課題であろう。

規制組織をはじめ、地方自治体、マスコミの目が軽微なトラブルに集まり、例えば「報告が、1時間遅れた」として社会問題化してしまうような傾向にあり、技術論ではなく政治的決着という判断が常態化していた。その基盤となっているのが地方自治体と事業者との「安全協定」である。それにより、「安全」の上に「安心」を付加するために、国の安全審査後、自治体が独自に専門家を集め、再審査を行うと言う、あたかも三重規制のような体系となってしまい原子力発電所の原子力安全の確保という本質的な論点から大きく目をそらすことになってしまった。

一般に、往々にして安全の尺度として「計画外停止頻度」を強調する原子力産業関係者が多い。我が国ではこの計画外停止は諸外国と比べ極めて少なく、いつの間にかこのことを論拠として『絶対安全』の安全神話が形成されてしまった嫌いがある。従ってリスク評価については、「安全なものを敢えてリスクで評価する必要はない」との思いがどこかにあり、外部事象も含めて真剣にリスク評価を活用する土壌が形成されず、リスク評価が原子力発電炉の安全評価手法として規制に定着することはなかった。この安全神話の形成は、結果として構造健全性に直接結び付く仔細なトラブルに論点が集まり、本質的なシステムとしての「原子力安全」の確保の議論をますます遠ざけることになってしまったのではないか。

原子力安全の確保の歴史の中で、規制と事業者の自主的行為が明確には区別されず、慎重派や厳しいマスコミ、裁判への対応が重なったことで、規制機関も事業者も、互いが「安全神話」を拠り所としてしまい、国をあげて「原子力安全」に取り組む姿勢が疎かになったことが重大な要因の一つである。「原子力安全」の確保は規制機関も事業者も、自治体、住民、慎重派も同じ目標を共有するものである。批判的であっても傾聴に値する意見、提案は率直に取り入れ、連携して最良の方法で「原子力安全」を達成することが望まれる。規制機関は事業者と一体となって原子力発電所の安全確保を進めることが望まれる一方、安全確保がされていることを厳しく監視することが必要であり、目標を共有することとは異なるものであり、使い分けが重要である。

5・2　「安全神話」からの脱却とリスクコミュニケーションの基盤構築

従来、原子力事業者等から一般への説明の中では、しばしば、〝原子力発電所は絶対安全である〟あるいは、〝過酷事故は起こりえない〟といった〝原子力発電所の安全神話〟が言われてきた。こうした説明を行ってきたことが、我が国における過酷事故対策の整備を不十分なものにさせた要因の一つであるとの指摘が随所でなされている。

具体的な例を示す。原子力安全委員会はＪＣＯ事故後の調査報告において、絶対安全を当然とするような安全への過信が事故の背景にあり、リスクを考慮した安全確保努力が必要との指摘がなされたことを踏まえて、ＪＣＯ事故から10周年にあたる平成一二年度の原子力安全白書において、次のように指摘している。

「多くの原子力関係者が「原子力は絶対に安全」などという考えを実際には有していないにもかかわらず、こうした誤った「安全神話」がなぜ作られたのだろうか。その理由としては以下のような要因が考えられる。

・外の分野に比べて高い安全性を求める圧力容器、格納容器など原子力の重要施設の設計などへの過剰な信頼
・長期間にわたり人命に関わる事故が発生しなかった安全の実績に対する過信
・過去の事故経験の風化
・原子力施設立地促進のためのＰＡ（パブリック・アクセプタンス＝公衆による受容）活動のわかりやすさの追求
・絶対的安全への願望

こうした事情を背景として、いつしか原子力安全が日常の努力の結果として確保されるという単純ではあるが重大な事実が忘れられ、「原子力は安全なものである」というＰＡのための広報活動に使われるキャッチフレーズだけが人々に認識されていったのではないか。

しかし、こうした状況は、関係者の努力によって安全確保のレベルの維持・向上を図るという、後述する「安全文化」に著しく反するものである。過去の事故・故障はいわゆる人的要因によって多く起きており、原子力関係者は、常に原子力の持つリスクを改めて直視し、そのリスクを明らかにして、そのリスクを合理的に到達可能な限り低減するという安全確保の努力を続けていく必要がある。」

白書に指摘されているように、ＪＣＯ事故時には，人的因子（組織因子）の考慮に不足があったことが認識されたわけであるが，今回は、自然災害の考慮に不足があったことが露呈された。

東京電力福島第一原子力発電所事故に関する各種調査報告では、より明確な形で安全神話の悪影響が指摘されている。民間事故調報告書【参3】では、安全神話の形成が原子力産業界、国の機関、地方自治体、政治家などの社会的な関係に根ざしたものであったことを説明した上で、安全神話を疑わない社会的な状況が生まれ、それが過酷事故への対策を阻害したことを指摘している。また、政府事故調報告書【参2】では、安全神話という表現を使ってはいないが、原子力安全・保安院長の発言として、シビアアクシデント対策を進める上で、大事故の発生を否定してきた過去の経緯を覆す説明を住民に対して行うことが極めて難しいと認識していたことが記載されている。このことはまさに安全神話が過酷事故対策を遅らせたことを示唆している。さらに、東京電力による報告書（「福島原子力事故の総括および原子力安全改革プラン」）【参18】においては、事故の備えが不足した根本原因として「安全意識」の不足、「技術力」の不足、「対話力」の不足を挙げ、さらにその背景を深く掘り下げた分析の結果として、「稼働率などを重要な経営課題と認識」する経営層の姿勢や「安全は既に確立されたものと思い込み」があったことなどの要因がからみあった「負の連鎖」があり、それが強固に組織内に定着していたことを指摘している。特に、リスクの存在を認めると追加対策なしには運転継続することができなくなるとの思いから、リスクコミュニケーションを躊躇し、十分安全であると思いたいとの願望を生み、それが安全は既に確立されたものとの思い込みを助長したと分析している。

ここにも安全神話という表現はないが、安全と説明してきた経緯を覆せないとの思いが事業者内における安全対策を阻害した構図が示されている。

原子力施設の安全を確保する上で、自然災害や人為事象を含めた新たな科学・技術的知見、施設での運転経験、安全研究の成果などを踏まえて安全確保のあり方を検証し見直す継続的努力を怠ってはならないことは、安全確保の基本的な原則であり、我が国でも定期安全レビューなどとして制度化もなされてきていた。しかし、その実践において過酷事故への対処の遅れという極めて大きな欠落があり、この背景に安全神話の存在があったことを認識しなければならない。

安全神話は一度形成されると、それを疑うべき知見あるいは安全確保活動に反映すべき事例が得られても、それが重要なものであればあるほど、原子力への社会的な受容に悪影響が及ぶことをおそれて、それに触れることを避け迂回して対応する、場合によっては対応せずに済ます、といったことさえ起こしうる、安全にとって極めて有害なものである。一方、原子力施設の立地地域においては、住民は事業者に施設の設置、運転は「安全か、絶対に安全か」を問い、「絶対に安全」と答えない限り、設置を認めない風潮があったことも事実である。

安全神話からの脱却には、リスクの存在を認め、それに真摯に取り組む状況を示すことによって原子力安全への公衆の理解を得ること、すなわち、誠実なリスクコミュニケーションの努力が必要である。

しかしながら、国民の理解を得るには、存在するリスクの説明だけでは不十分であり、そのリスクが受容可能なレベルにあること、そのレベルがどのように評価、検証されているのか、といった科学的な論拠が示される必要があろう。また、このプロセスは、現在の安全性の状況を検証し、弱点を認識し改善するという継続的な安全向上努力そのものと密接に結びついている。これらのことについて留意すべき事項を述べる。

5・2・1　便益とリスク

どのようなシステム（鉄道、航空機、自動車等々）においても絶対安全はなく、その便益を享受しつつも、その利用等に伴い身体的、精神的あるいは経済的なリスクを受けることは避けられない。

東京電力福島第一原子力発電所事故は原子力発電の事故のリスクが無視できないことを認識させたが、一方で他のエネルギー生産手段にも様々な形のリスクが伴うことを認識しなければならない。火力発電のうち石油の利用には、資源の偏在や埋蔵量の限界の問題があり、現在でも多くの国際紛争が石油を巡って発生していることをみればエネルギーセキュリティの観点でリスクが無視できないことは明らかである。また石炭火力は一般に温暖化ガスの発生量が大きく、十分な対策を行わなければ健康リスクの原因となる粒子状物質の放出を伴う。従って、広くかつ冷静な観点で最適なエネルギー源を選択していく必要がある。そのためには、原子力発電のリスクと安全確保の費用を客観的に評価するとともに、他のエネルギー源についてもリスクを評価して比較することが必要となる。

さらに原子力発電について、現在進められている安全対策の強化により、どれほどの安全性を目指しているのかを国民に示す安全目標の確立も重要である。この点について以下に述べる。

5・2・2　リスクを受容できる条件（安全目標）に関する議論

原子力発電には、他の電源と比較して様々な利点がある一方、ウランまたはプルトニウムの原子核の核分裂に伴って放射性の核分裂生成物が発生する。この核分裂生成物は、その崩壊に伴い熱を発生するので、原子炉を停止しても除熱する必要があり、また、放射性物質は閉じ込めておかなければならない。今回の東京電力福島第一原子力発電所事故においては、この機能を維持できず、近隣住民をはじめ国民に多大な迷惑と損害等をもたらした。このリスクを最小化しなければならないが、それは、どこまで低減すれば安全といえるのであろうか？

これは、"How safe is safe enough?"の問題として、従来から専門家の間では国際的に議論され、多くの国で確率論的な数値の形で安全目標が定められ、決定論的な規則を補う形で活用されつつある。我が国でも、原子力安全委員会で議論がなされ、安全目標案が提案されている【参19】。この案では、安全目標の意義を国の安全規制活動が事業者に対してどの程度発生確率の低いリスクまで管理を求めるのかという、原子力利用活動に対して求めるリスクの程度を定量的に明らかにした。また、これを定めることで、規制活動の透明性、予見性、合理性、整合性を高めることに寄与し、さらに、公衆のリスクを尺度とする「安全目標」の存在は、指針や基準の策定など国の原子力規制活動のあり方に関して国と国民の意見交換をより効果的かつ効率的に行うベースとなり得るものであった。提案する目標を定性的目標、定量的目標、性能目標の3つのレベルで示している。このうち最上位の定性的目標は、

「原子力利用活動に伴って放射線の放射や放射性物質の放散により公衆の健康被害が発生する可能性は、公衆の日常生活に伴う健康リスクを有意には増加させない水準に抑制されるべきである。」としている。これを具体的な数値で表現したものが定量的目標であり、「原子力施設の事故に起因する敷地境界付近の公衆の個人の平均急性死亡リスク及び施設からある範囲の距離にある公衆の個人のがんによる平均死亡リスクは、ともに年当たり100万分の1（10^{-6}／人・年）程度を超えないように抑制されるべき」こととしている。これは、対象となる人間は原子力発電所敷地境界近傍の居住者に限られるものであり、そのリスクは、たとえば、**第5－1図**に示すように、国民が年間に自動車事故によって死亡するリスクの約100分の1であり、日常生活で受ける様々なリスクより大幅に低いレベルを目指している。

ただし、安全目標は今回の東京電力福島第一事故でも分かるように、単純に個人の死亡リスクのみで扱って良いものではなく、環境へのリスクも同等に考慮すべきものであり、後述する。また、この図に示された日常のリスクは現実の統計データであり、安全目標と比較する数値は不確かさを含む計算による推定なので、両者の比較には注意が必要である。

さらに性能目標は、安全目標への適合性確認が行いやすいように、安全目標に適合していることを判断できる目安を施設の特性に関する指標で表現したものである。ここでは、内的及び外的起因事象の全体（ただし、テロによる意図的人為事象を除く）を含めた事故シナリオについて、炉心損傷頻度10^{-4}／炉・年及び格納容器破損頻度10^{-5}／炉・年程度とした。なお、この数値については、杓子定規に適

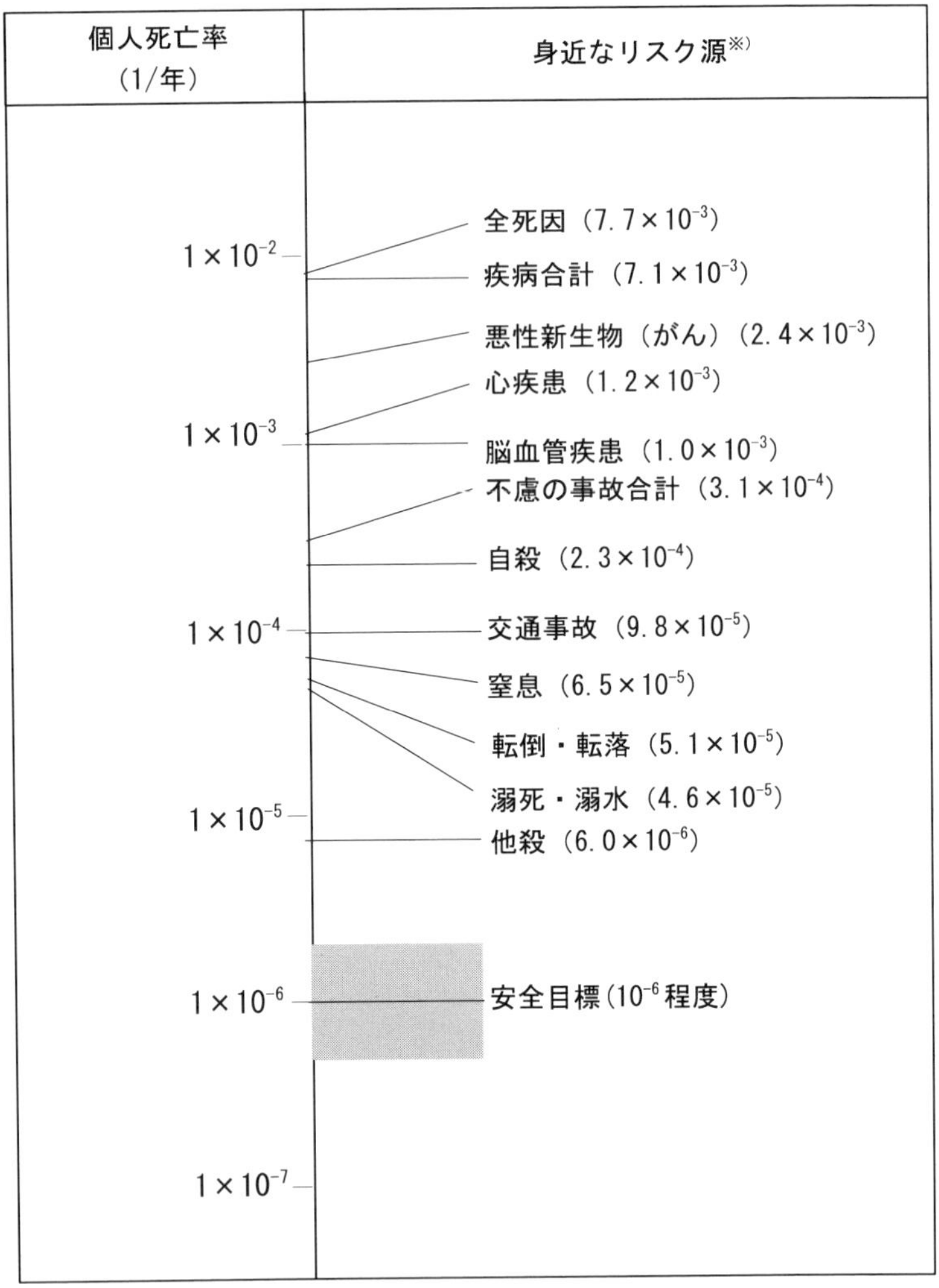

※）出典：「人口動態統計」（厚生労働省）2001 年データより

第 5-1 図　原子力事故に対する安全目標案の位置のイメージ

用するのではなく、「原子力施設の設計・建設・運転においては、当該リスクが年あたり百万分の1を超えないように合理的に実行可能な限りのリスク低減策が計画・実施されている」ことを求めるが、個別施設について、このような考え方を基に必要な対策が計画・実行されている場合、リスク評価結果が年あたり百万分の1を超えているからといって直ちにこの目標に適合していないとするものではないことを意味している、とされている（「安全目標に関する調査審議状況の中間とりまとめ」平成一五年一二月原子力安全委員会安全目標専門部会）【参19】。

5・2・3　環境汚染への配慮

上述の安全目標においては、指標として人の死亡のリスクを用いているが、被ばくによる生命及び健康への影響は、避難等の防護対策により大幅に低減できることは東京電力福島第一原子力発電所事故において公衆への明確な放射線影響が見られていないことからも明らかである。一方で、広域の環境汚染は、長期にわたり周辺住民の生活基盤を奪い、多大な損害を与えている。除染費用も国民に重い負担を強いることとなる。このことから、安全目標には大規模な環境汚染に係わる指標とその許容または容認頻度を加えることを検討する必要がある。このような目標も既に規制に取り入れている国があり、国内でも検討された例があるので紹介する。

国内では、原子力安全研究協会の自主研究として産業界、研究機関等からの専門家による委員会が設置され、シビアアクシデントに関して考慮すべき事項を明確にし、次世代型軽水炉の格納容器設計に資することを目的として、設計のガイドとするための格納容器性能目標が提案されている（引用文献：「次世代型軽水炉の原子炉格納容器設計におけるシビアアクシデントの考慮に関するガイドライン」（平成一一年四月、http://www.nsra.or.jp/safe/cv/index.html）【参20】。この目標は格納容器の性能目標とされてはいるが、事故の発生を前提とした条件付き確率だけではなく、大規模な放射性物質の放出の発生頻度を含んでいるので、プラント全体の安全目標と考えることもできる。

この目標は、定性的目標、定量的目標、補足的目標の３段階で構成されており、以下の通りである。

(1) 定性的目標

① 避難等の短期的防護対策を必要とする事態の発生する可能性を十分小さくする。

② 放射線被ばくによる確定的影響の発生する可能性や，長期的移住が必要となる可能性を無視しうる程度に小さくする。

(2) 定量的目標（上記に対し）

① 目標とするＦＰ保持能力（ＣＲＦ－１）を満足しない確率＜10^{-6}／炉年

② 目標とするＦＰ保持能力（ＣＲＦ－２）を満足しない確率＜10^{-7}／炉年

(3) 補足的目標

① 条件付格納容器破損確率ＣＣＦＲが0.1を超えないこと（ＣＤＦ＜＜10^{-6}／炉年であれば厳密な遵守は求めない）。また，炉心損傷頻度ＣＤＦが10^{-5}／炉年を超えないこと。

② 格納容器が早期に破損する頻度が10^{-7}／炉年を超えないこと。

③ 格納容器バイパスにより炉心損傷する頻度が10^{-7}／炉年を超えないこと。

ここでＦＰ保持能力は、格納容器保持係数（CRF: Containment Retention Factor）とよばれ、ＣＲＦ＝（格納容器への放出量）／（環境への放出量）で定義され、環境に放出される核分裂生成物（ＦＰ）をどれほど低減できるかを表す係数である。ＣＲＦを定めるには、定性的目標における各環境影響の項目について判断の拠り所となるめやすの線量を設定する必要があり、「原子力発電所等周辺の防災対策について」（昭和五五年六月三〇日原子力安全委員会決定）、ICRP Publication 41、ICRP Publication 63、IAEA Safety Series No.115-I 等を参照し、短期的防護対策の必要となる線量を実効線量 50mSv、及び小児甲状腺線量 500mSv、確定的影響の回避については外部全身線量 0.25Sv、長期的移住に関しての判断の拠り所とするめやす線量としては、被ばく経路を、地表沈着放射能からの外部被ばく、及びその再浮遊放射能の吸入摂取による内部被ばくとし、評価期間は生涯（70年）として、実効線量 1Sv と設定している。ＣＲＦは、これらの判断基準と原子炉内のＦＰの量などを考慮してプラントごとに定める係数であり、ＦＰの形態に応じて希ガス、ガス状ヨウ素、粒子状物質に分けて定められる。②のＣＲＦの意味を分かりやすく言うならば、我が国に多い110万キロワット級の軽水炉では、土地汚染に寄与する代表的な元素であるセシウム（Cs^{137}）（半減期は約30年）を例とすれば、通常運転時のセシウムの原子炉内内蔵量（およそ2×10^{17}ベクレル（Bq））に対して放出される量の割合を800分の１（排気筒放出）から４５００分の１（地上放出）程度の放出にとどめることを意味している。東京電力福島第一原子力発電所での放出量は現段階では6×10^{15}～15×10^{15}ベクレル（Bq）と推定されており、この量に比べれば、100分の１程度のオーダーに抑制することになる。この要求を満足するには、格納容器の健全性を維持するか、またはそれができない時には高性能のフィルターをとおして放出するように設計を強化する必要がある。

なお、この原子力安全研究協会のガイドで特筆すべき特徴は、目標だけでなく評価において考慮すべきシビアアクシデント時の現象やその評価方法も示していることである。今後の原子力規制委員会における基準策定にも参考となろう。ただし、このガイドは内的事象を対象としており、外的事象については今後の課題とされている。この点も留意が必要である。

国外での環境汚染を考慮した安全目標の例としては、イギリスやフィンランドでは、大規模な環境汚染のリスクを制限することを目的として、大規模放出を定義するソースターム（放射性物質の格納容器からの放出量）を定め、その発生頻度の目標値を示している。フィンランドの場合は大規模放出の定義をセシウム（Cs^{137}）100テラベクレル（10^{14}Bq）相当とし、その頻度の抑制の目標値を5×10^{-7}／炉年としている。この放出量の制限値は、上述の原子力安全研究協会の提案と同オーダーである。

5・2・4　安全目標に関してさらに検討すべき課題

安全目標について原子力安全委員会の案及び原子力安全研究協会で作成された案を紹介したが、さらに検討すべき課題としては、次のことが考えられる。

原子力安全研究協会のガイドラインは、内的事象のリスクを対象としており、外的事象は考慮していない。また、環境汚染の頻度を、10^{-7}／炉年以下としているが、そのような低い数値は、達成の証明が難しい。従って、外的事象を考慮した上での適正な数値を示すことが課題となる。さらに、達成の程度を評価するための方法や不確実さの扱い、ＰＲＡで考慮していない事象に対する考え方等、についても検討が必要である。

なお、リスクの目標を具体的な数値で定量的に示すことの最大の利点は、合理的でバランスの良い安全確保の努力を可能とすることと、その努力を科学的根拠とともに国民に示すことができる点にある。従って、科学的な評価及び検証ができないほどの低い数値を掲げることには疑問がある。現在及び近い将来の科学技術の水準に照らして合理的に適用可能な目標を提案し、合意形成を目指すべきである。また、極めて低い値を検証することは難しいことであるが、ＰＲＡの評価段階に沿った補足的目標を併用することによって、目標達成の確度を上げることも可能である。具体的には、ＰＲＡでは

大規模放射性物質放出頻度　＝　起因事象の発生頻度
　　　　　　　　　　　　　×　炉心損傷防止のための緩和機能の失敗確率
　　　　　　　　　　　　　×　炉心損傷時の格納容器の大規模破損の条件付き確率

となるので、ＰＲＡの結果を検証する際に大規模放出頻度の最後の数値にだけに注目するのではなく、炉心損傷時の格納容器の大規模破損の条件付き確率についても目標を示し、ＰＲＡが炉心損傷後に発生しうる様々な物理現象や厳しい外的事象による影響を考慮しているかを検証することが有益と考えられる。上述の原子力安全研究協会の(3)補足的目標の①はまさにこの例である。また米国の原子力規制委員会も原子力発電プラントの型式認証において、炉心損傷事故に伴う放射性物質の大規模早期放出の条件付き確率に関する同様の判断基準を用いている。

さらに、施設によっては、放射性物質による大規模な環境汚染を生じない放出についても、その放出量に応じた発生頻度の目標を定めることは有意義である。軽水炉については、炉心損傷頻度を制限するための発生頻度の目標でカバーできると考えられるが、燃料加工施設や再処理施設などの核燃料サイクル施設では、軽水炉のような大きい被害を生じるシナリオはないか、又は有っても極めて限定されるので、過酷事故対策の要否や適切な対策のあり方を判断する上では、施設で想定しうる放出の大きさを考慮した目標設定が有用と考えられる。

安全目標については、このように検討すべき課題は存在するが、今後は、原子力安全委員会の安全目標案や原子力安全研究協会の格納容器性能目標ガイドラインに盛り込まれた我が国での検討の成果を活用し、課題に対応する改良も加えつつ、国民に認知され合意が得られるリスクとはどのようなものであるかについて国民との対話を行い、多くの国民の納得を得ることのできる安全目標を設定し活用を図ることが、極めて重要である。

5・2・5　十分な情報の提供

安全目標や性能目標が意味を持つためには、リスクを評価する確率論的リスク評価（ＰＲＡ）の考慮の限界や不確実さを含めて、結果の意味が十分に説明されていることが前提である。例えば、上記安全目標案では起因事象として内的事象だけでなく外的事象も考慮することが要求されている。東京電力福島第一原子力発電所事故では、図らずも地震及び津波という外的事象を考慮したＰＲＡがなされておらず、広く事象を捉えてリスク評価を行っていなければ、評価結果を安全目標と比較しても意味がないことが露呈した。今後は、国民にリスクを説明する際には、考慮範囲を明示し、範囲外のリスク要因について評価する方針を示すことや、残るリスクをどのように考えたかを説明すること、さらに評価手法の不確実さが大きいために安全目標を満足できているかの判断がしにくいような場合には、合理的に考えて実行可能な努力がどこまでなされているのか、といった情報を提供することが重要であり、それ無しにリスク受容の議論は成立しえないと考えるべきであろう。

また、この説明努力を行うことは、規制機関や事業者が行う具体的対応策の意味や軽重について国民の理解を得ることと表裏の関係にあり、並行して進める必要がある。

5・3　科学者・技術者としての役割と責任

原子力関係者は、常に原子力の持つリスクを改めて直視し、そのリスクを明らかにして、そのリスクを合理的に到達可能な限り低減するという安全確保の努力を続けていく必要がある。このことは事業者、規制機関はもとより科学者、技術者にも求められることである。原子力に係わる科学者、技術者は、従来、専門家同士の学術的交流はあったが、広く国民に原子力の有するリスクに関して情報を提供し、コミュニケーションを行い、積極的に取り組むことを怠ってきたこと、そしてそのことが結果的に安全神話の形成とその悪影響の継続を許したことは深く反省しなければならない。特にリスクの認識とそれへの対応の努力について、原子力安全に係わる科学者、技術者は自らの立場における責務を誠実に果たすだけでなく、事業者、規制機関をはじめ国民への説明責任を果たすための努力を積極的に行うべきである。すなわち、事業者や規制機関に対しては、新たな知見のリスクへの影響を指摘し検討を促すこと、新たな安全神話が形成されることがないよう安全性の説明の論理を検証し疑問があれば検討を促すこと、国民に対しては、リスクの評価や管理の現状、新知見の意味、それへの対応の状況、安全目標の意義、等について、自らの言葉で説明することが必要である。その努力は、国内での原子力に関する共通認識形成の基盤として極めて重要と考える。

ただし、個人ごとに行う努力には限界があり、科学者、技術者の努力を束ね強化するための仕組みも必要である。この仕組みとして、学会等の努力が期待される。リスクに関する共通認識の形成に向けて、学会、学術会議等学術団体に国民との対話の場を設けるよう強く提言する。

6　過酷事故を防ぐ対応

6・1　リスク情報の活用

原子力施設の安全確保には想定外は許されない。徹底した自然災害、人為的事象及び内部事象等による事故事象の想定と対策を検討すべきであり、またそれを達成する仕組みを構築しなければならない。このためには、東京電力福島第一原子力発電所事故の教訓を反映した徹底的な見直しを行って、深層防護レベル4としてのアクシデントマネジメントやレベル5としての防災対策の充実に努めるとともに、その対策がなされた後も継続的に新たな知見・研究成果の分析を行って重要な知見を見分け、反映する仕組みを含むものとすべきである。このためには、事故の広い誘因事象やアクシデントマネジメントや防災までを含めた総合的な評価手法も必要である。確率論的リスク評価（PRA）とその評価から得られるリスク情報の活用は、そのための極めて強力な手段の一つであり活用を促進すべきである。

PRAについては「PRAには不確実さがあるので使えない」、「公衆に説明する上で確率は分かりにくい」、「確率が小さくても事故は起こると解釈される」と言った理由により批判する意見もある。しかしこれらの批判はPRAの意味や使い方に関する共通認識がないことも一因と考えられる。そこで、以下にPRAの意味と使い方についての考え方を述べる。

ＰＲＡは、施設で起こりうる事故シナリオを系統的に洗い出し、その発生頻度と影響の大きさを評価することで施設の安全を公衆へのリスクとして表現する安全評価の方法である。原子力発電所のＰＲＡは、その評価範囲に応じて、炉心損傷に至る事故のシナリオの分析とその発生頻度の評価を行うレベル１ＰＲＡ、格納容器破損に至る事故のシナリオの分析と発生頻度の評価、及び放射性物質の環境への放出量（ソースターム）の評価までを行うレベル２ＰＲＡ、環境影響評価までを行うレベル３ＰＲＡがある。レベル１から３までのＰＲＡの手順と応用分野の例を**第６－１図**に示す。（注：ここで言うレベル１～３は、深層防護のレベル１～３とは異なる。）

ＰＲＡにより、経験していない事象であっても考慮に含めつつ、リスクの観点から重要な事故シナリオを見つけ出すことができるので、安全対策における相対的な弱点を明らかにし、対策を強化することができる。これがＰＲＡの最も基本的な使い方であり、過酷事故対策においてＰＲＡが重要である理由である。また、平常時においては、安全に係わる設備の信頼性や運転員の事故時対応能力の維持・向上が重要であるが、複雑な安全設備の中で、どの機器やシステムが安全確保にとって重要であるか、どのような運転操作が事故の防止や影響緩和にとって重要であるかといった事項について、定量的な知見が得られる。この知見を参考とすることにより、設計における弱点の補強、無駄な安全設備の削減、保守管理における重要度の高い機器への優先的資源配分などが可能となり、安全性を確保・向上させつつ、経済性も高めていくことができる。また、平常時に設備の故障やトラブル発生を記録しＰＲＡで用いる機器故障率に反映させることにより、設備の信頼性の変化の傾向を監視することも可能となる。こうした活動においては、規制機関又は事業者により、確率論的な安全目標が定められ

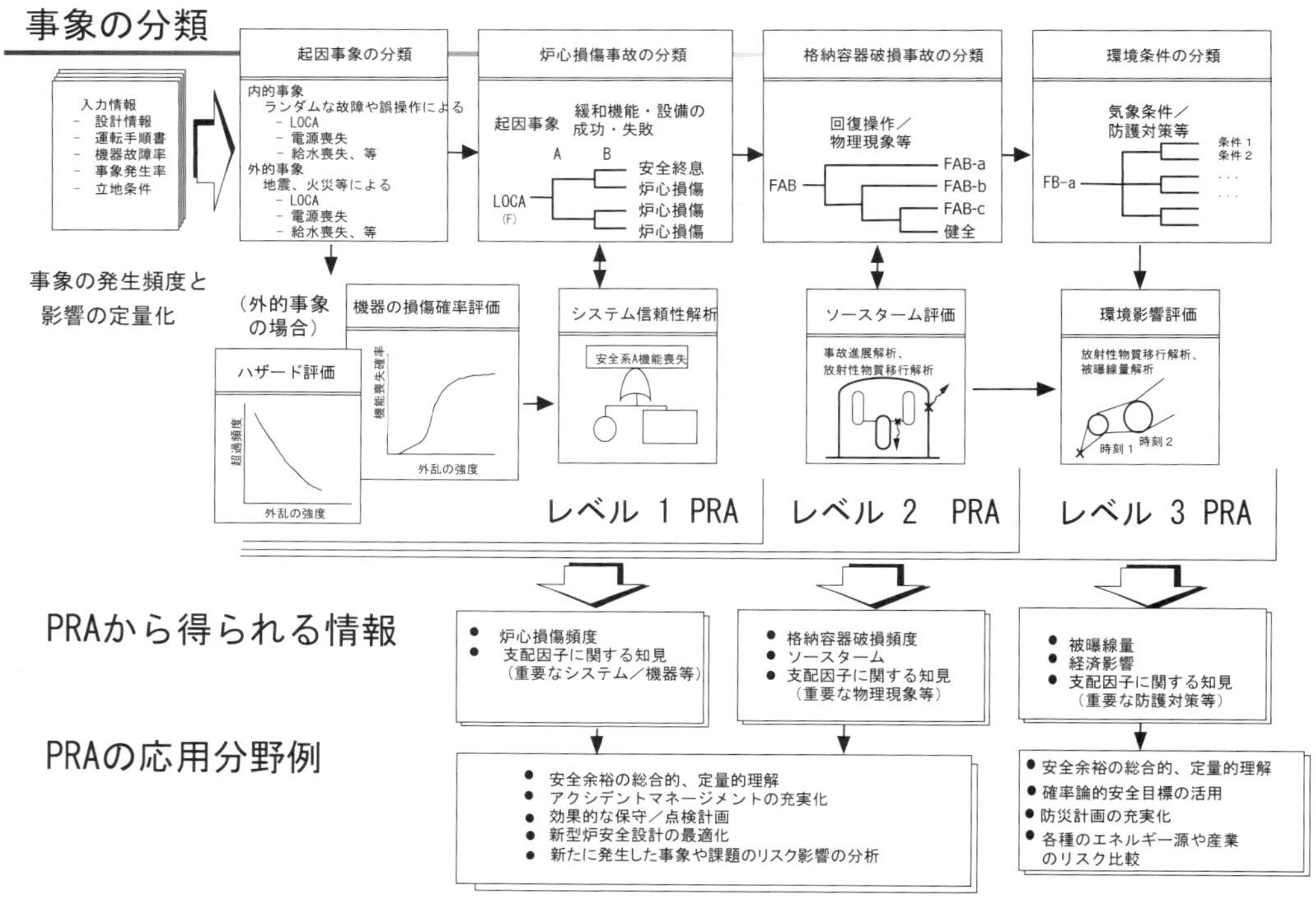

第6-1図　確率論的リスク評価の手順と応用分野例

ていれば、それを満足できるように設備の信頼性を維持するという設備の管理目標を設定することも可能となり、科学的合理性の高い保全活動の計画が可能となる。事故やトラブルがさらに進展し過酷事故に至った場合には、設備に対する設計想定を超える物理現象や設備への温度・圧力の負荷が発生しうるが、深層防護の観点から、このような状況に対しても、現状でどこまで耐えうるかを評価し合理的に実行可能な対策を講じておくことが重要である。その際には、レベル2PRAの手法や結果は、検討のツールとして有用である。確率論的な安全目標に基づいて、過酷事故における設備の耐性に関する性能目標を設定することも検討すべきである。

さらに、防災計画については、今回の事故の教訓として平常時から具体的な過酷事故のシナリオを想定した計画の整備・強化が重要であることが指摘されているが、このためには広範なシナリオの発生可能性を考慮して有効な防護対策を検討しておくことが必要であり、レベル3PRAはそのための有力なツールとなる。

「PRAには不確実さがあるので使えない」と言った批判は、PRAの結果としての炉心損傷頻度や格納容器破損頻度の数値で、ある施設が十分に安全か否かを判定する、といった目的での利用を念頭にしている。我が国で公表されたPRAの考慮範囲は、まだ、内的事象と地震程度であり、津波や火災、溢水などの起因事象に対応するPRAは手法の整備と適用の途中の段階である。また、仮にそれがなされても、評価結果には不確実さが有るし、PRAで考慮できていない事象も残るので、その数値だけでは判定できないのは明らかである。しかしながら、PRAからは規制上の意思決定に有用な多くの情報が得られる。設計基準を超える地震の発生頻度は如何ほどか、その不確実さは如何ほどか、そのような地震のリスクは？　そのような地震により発生する事故のシナリオは？　といった半定量的な情報である。こうした評価を実施することにより、経験の範囲を超える外的誘因事象に対しても、発生の可能性が極めて低いと言い切れるのか否かについて、客観的な指標を元に検討することが可能となり、事業者や規制機関が自らの判断の根拠を確認するための有力な情報となりうる。

ＰＲＡの技術には、外的事象の評価手法だけでなく、内的事象についても、人間機械系やディジタルシステムの信頼性の評価、共通原因故障の定量的評価など、手法上の改良やデータベースの整備が必要な課題も少なくないが、そのことを理由にＰＲＡの実施を先延ばしにするべきではなく、考慮範囲の限界を認識した上で活用を進めることが重要である。レベル２及びレベル３ＰＲＡにより推定される様々なケースのシビアアクシデントの発生確率と災害の大きさについては、広く公表することも重要である。

東京電力福島第一原子力発電所事故の後にＩＡＥＡ閣僚会議への政府報告書には、教訓(27)リスク管理における確率論的安全評価手法（ＰＳＡ）の効果的利用として「原子力発電施設のリスク低減の取組みを体系的に検討する上で、これまでＰＳＡが必ずしも効果的に活用されてこなかった。また、ＰＳＡにおいても大規模な津波のような稀有な事象のリスクを定量的に評価するのは困難であり、より不確実性を伴うが、そのようなリスクの不確かさなどを明示することで信頼性を高める努力を十分に行ってこなかった。このため、今後は、不確かさに関する知見を踏まえつつ、ＰＳＡをさらに積極的かつ迅速に活用し、それに基づく効果的なアクシデントマネジメント対策を含む安全向上策を構築する。」と述べている（注：ＰＳＡはＰＲＡと同義語であるが原文の表記に従った）。この教訓を活かすべきではないか。

6・2　過酷事故への対応

４章に示したＩＡＥＡの深層防護の対応を振り返って見てみると、安全の確保はこれまで述べて来たように設計基準とそれを超える事態の進展への対応である、アクシデントマネジメントにある。

設計により過酷事故に至らないようにするには、設備が複雑になればなるほどシステムとしての互いの関連を明確にするつながりが重要となる。事故とその対応の事態は複雑に推移する。そこで４章に示したようにシステムを考慮した統合した安全評価の仕組みを構築しなければならない。それにより設計から運用に続く領域での安全の確保が大きく進歩する。一方、単純に安全確保を強化するために安易に設計基準をより厳しくすることは結局、安全に対して益はないことになり兼ねない。設計基準とは、その基準内での考えられるあらゆる事態に対して約束事を守る、すなわち安全を担保することにほかならない。従って、設備は極めて重装備となってしまうことになり、投入する資源の割に確保される安全のレベルは高くはないことになる。特に外的事象（自然事象）に対する安全対策として、どこまで外的事象を想定し設計基準を設定するか、ということは社会のコンセンサスの課題である。例えば、基準地震動を決める時の想定地震動の大きさを過去の記録に残る地震動の範囲とするか、どこまで拡張するか、断層の評価も同様である。発生確率の小さい事象には、起きた時のリスクを抑える方策は必要であるが、適切にどこかで基準を設定し、残存リスクの評価を行い、リスクを下げる議論を行い社会のコンセンサスにより対策を打つのが妥当と考える。

そこで、設計基準を超える場合の対応が重要となる。シビアアクシデントの領域と言ってもアクシデントマネジメントにより、基本的には過酷事故の事態には至ることがないようにするのがこの領域の対応である。今回の東京電力福島第一原子力発電所事故の場合のように一〇〇〇年に1回の事態も起き得る。この事態への対応は、例えば今回の津波の事態のように、この津波に対応できる仕組みを考えればよい。今後、同様に巨大地震への対応や地震と津波の同時発生への対応などについては、同様にシナリオベースの対応を考え、設備や手順を準備すればよい。すなわち、設計基準を超える事態について、より多くのシナリオを考え、それらすべてに対応できる仕組み、アクシデントマネジメント対策、アクシデントマネジメント手順を備えればよいということである。

更に、この手順の整備に関しては手順が多様、多岐にわたり複雑なものとなることは必然であると予想され、運転員の教育、育成の問題などを考慮して、人の能力、判断を支援、補完するために事態の判断の自動化や対策手順の指示を機械化する計算機システムの開発が必須となろう。

このためには、最新の情報技術（ＩＴ）を取り入れることも必要である。過酷事故におけるマネジメントにおいては、マネジメントを主導する人材の育成が必須である。炉の状況の把握のみならず、論理的な推測などを含めて適切な判断ができる高度な人材、専任の専門職（原子炉主任技術者）の常時配置を義務化することが適当であろう。その上で、運転員の高度化も必要ではあるが、上記の機械化により情報の共有と行動の共有が可能となり、マネジメントの統合が図れるものと期待される。

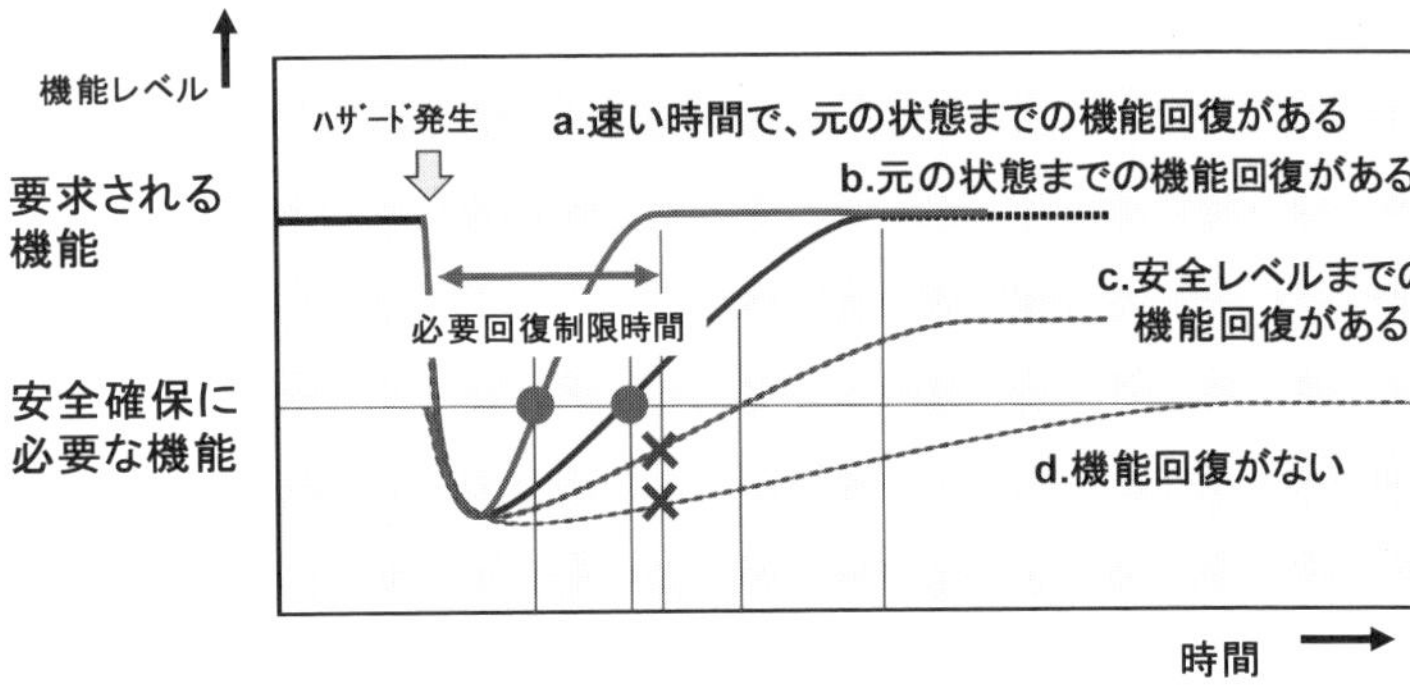

第6-2図　レジリアンス工学によるAM対策

更に、事故の発生に際しては、事故のシビアアクシデント（過酷事故）への進展を防ぎ、安全を回復、確保する手段を講じる、レジリアンスが重要な対応となる。これは、事故の発生以前に手立てや手順、更には必要な設備を準備しておき、事態を捉えて素早く適切に対応する方策である。これを体系化するのがレジリアンス工学と言われるものである。

事故を想定して対応することとは、事故で喪失した機能を回復することである。原子力発電所では、著しい炉心損傷・溶融を起こさないための最低限のシステムの機能が回復する復帰時間に制限がある。この時間内に、どの機能をどこまで復帰させるか、それがアクシデントマネジメントにより満たすことが求められる。従って、重要な要素は、必要な安全機能のレベルと、そこまでに到達させるまでの時間である。

ハザードの発生により、機能の低下もしくは機能喪失に対応して、単純に、ハザードの大きさへの対応ではなく、システムとして回復力を評価し、必要な安全機能にまで復帰させる手段や評価法を提示することがレジリアンス工学である。このようにマネジメントを体系化し、原子力安全への寄与が定量的に評価できるようにすることが必要である。すなわち、具体的なマネジメントは例えば、

① 必要な機器に対して、多重、多様の代替手段を装備すること
② システムとして、要求される機能を他のシステムで代替えすること
③ 訓練や適切なマニュアル、機械から人に替わり、また人に替わり自動機械を用いることで安全確保が図られる。

と考えられる。

これをシステム全体として、いつまでにどの機能のレベルまで回復させる必要があるかをよく見極めることが重要である。

6・3　リーダーシップと役割分担、責任の明確化と連携

我が国では、一度定めた規制基準、指針は新しい知見等が得られた場合には速やかに見直すことになっているが、改定は容易には進まない状況にある。**第6－3図**に示すように、例えば耐震安全設計審査指針の改定について10年以上の歳月を要していることがわかる。この分野の特殊性もあったが、専門委員の意見がなかなかまとまらなかったことにもよる。一九九五年に兵庫県南部地震の人口密集

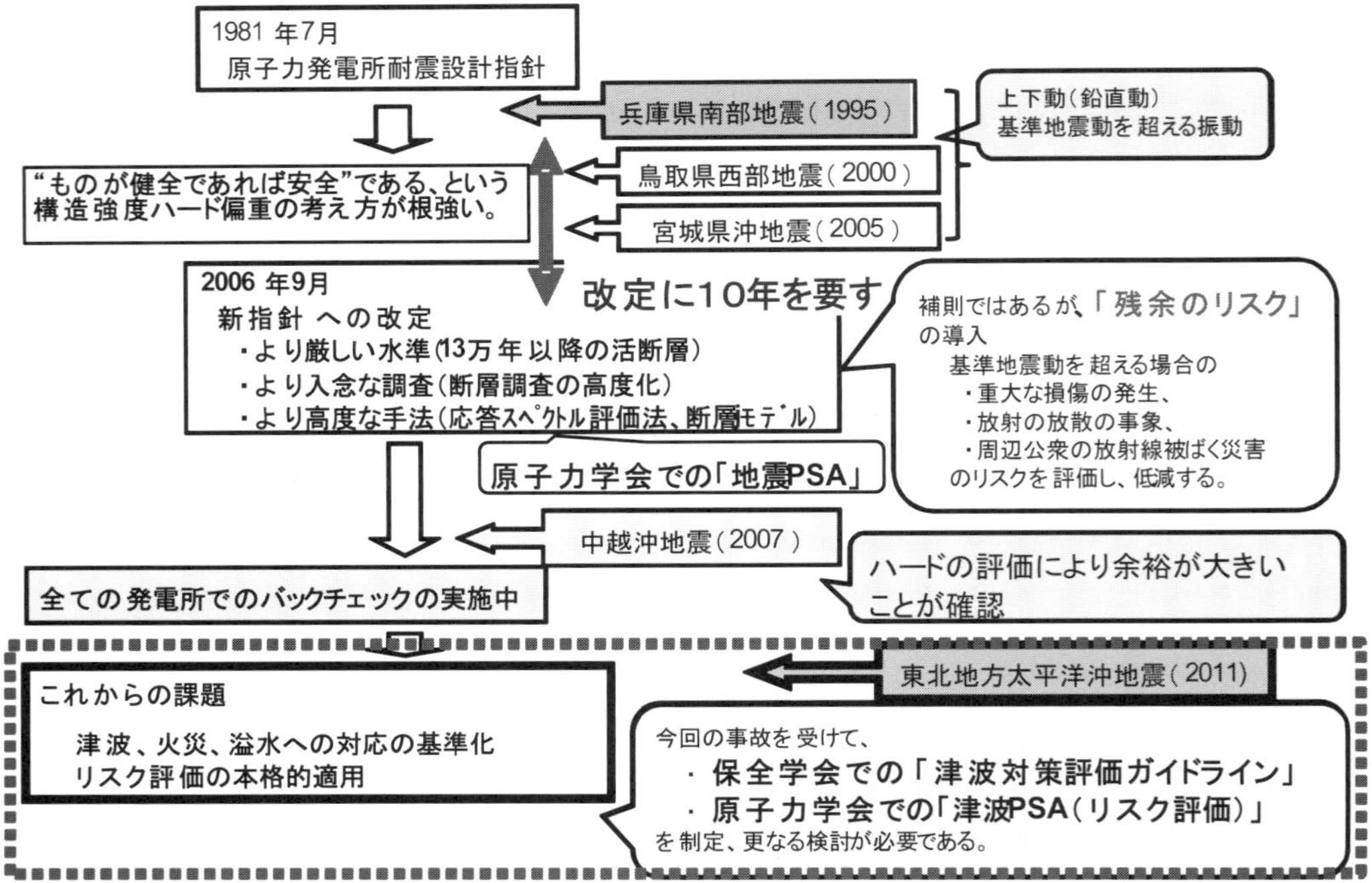

第 6-3 図　耐震基準の検討の変遷

地帯での直下型の地震動を経験し、大きな地震動のデータを得たことで、翌年には一九八一年に制定された耐震指針の改定に着手した。それから10年の歳月を経てようやく、二〇〇六年に評価に用いる基準地震動の想定範囲の拡大や算定手法の見直し、先に述べた「残余のリスク」の導入など多くの改訂がなされた。運転プラントへの対応はバックチェックとして事業者の自主的な評価に留まっているが、現在もまだ順次進められているところである。このように、必要であるからこそ急ぎ改定に着手したものではあるが、我が国には一旦決めたことの改訂、改善が容易に進まない文化があると思われる。一度決めたことへのこだわり、決めたことは正しいという無謬性を求める意識が、多くの人々にある。そのことが、改定、改正、改革を妨げる要因となっているのではないかとも考える。そこに責任ある強いリーダーシップが求められる。バックフィット問題に責任回避の構造が見えてくる。バックフィットは柔軟に対応すれば、安全確保が確実に向上することは間違いない【参21】。

最も重要な課題は、規制機関を含めて、それぞれの役割における責任や責任者が見えないことである。国では審議会を多用して処理をする方法が取られてきた。誰が責任を持って決めたのか、わからない状況を作っていた。審議会の委員も、自分の責任で決めているという自覚があるのか、見えてこない。規制機関ばかりではない、事業者、メーカ、下請け作業者、学会、学術界などそれぞれに役割を担っているはずであるが、「原子力安全」の確保という目標に対して、何を分担して、どのような責任を果たしているのか、明確ではないというところが、責任の所在が見えない所以であると考える。このように見てくると、国、規制機関の役割としての責任は、どこにあるのだろうか。それと同様に、我が国の特殊性でもある不明確なメーカの責任はどこにあるのだろうか。役割分担としての責任の明確化を欠いたことは事実である。このことが、様々な取り組みにおいて、判断し決めるリーダーシップの欠如を招いていることの要因でもあり、事故を防ぐことができなかった遠因ともなっているのであろう。

原子力規制委員会・規制庁が新設された。原子力規制委員会、規制委員長にはリーダシップを発揮されることを期待する。同時にこの原子力規制機関を含めて、産官学、学協会の全ての機関において「原子力安全」を確保するための役割分担とその関係、責任・責任者を明確にすることが必要であり、その議論に取り組むことが望まれる。規制機関のみが安全確保の責務を担っているわけではない。今は、規制機関の独立性のみが強調されている。本来は、癒着ではない、孤立することなく連携し、情報、新知見等を共有して、相互の考え方についての意見を交換することこそが重要なことなのではないかと考える。

安全文化の醸成、人材交流の活性化、資格制度の強化など改善すべき点は多々ある。安全文化の醸成は、社会全体の問題でもある。第４章に詳しく原子力安全への取り組みの考え方を述べた。リスクあるものへの取り組みについて、社会でのコンセンサスができているとは思われない。まだまだ理解を得る努力が必要と考える。それが、安全文化の醸成の大きな課題でもある。人材の交流については、様々な見方がある。規制を行う側の育成や規制される側の育成、また公正、公平に評価する側の育成もあり、我が国ではそれらの交流を妨げる嫌いがある。例えば「原子力安全」について、公正に見て、真摯に取り組むことは、どの立場にいようとも変わらないはずであるが、どうも我が国では所属で見方が違うという意識、認識が定着しており、そういう目で人を見てしまうようである。これは、原子力界に限ったことではなく、日本社会の構造的な問題であり、日本人の性癖ともなっている。それでは、広い視野を持った人材は育たない。人材の流動化、育成の流動化を進めないと、様々な事態に対応できる能力のある人材は育たない。そういう人材が必要であることは、今回の事故で学んだ重要な教訓であったはずである。

そういう意味で、資格制度として、今回の事故での対応を見ると、過酷事故対応者として過酷事故防止専門職を置くことが必要ではないかと考える。同時に全ての運転員の資質、能力を上げるために、十分な教育、訓練を積むことが重要であり、その上で、選ばれた者は、原子力発電プラントはその複雑さ、リスクを考慮し、重大な責任を持つ位置づけとし責任を明確にする必要がある。

7　過酷事故防止上考慮すべき具体的事象

7・1　想定すべき事象に対するリスク評価

過酷事故に至る事故シーケンス（シナリオ）及びリスクの検討は、過酷事故を防止し、また、万一、防止出来なかった場合に、事故の緩和策を考える上で極めて重要である。

内的事象に起因し過酷事故に至る事故シーケンスの検討は、アクシデントマネジメントの取扱いに関する議論の初期の段階から実施されてきた。しかし、近年の確率論的リスク評価（ＰＲＡ）手法の進展も踏まえ、事業者は引き続き重要事故シーケンスの抽出、グループ化を行い、それぞれの個別プラント毎に特徴を踏まえたＰＲＡを実施し、対応を規制機関に報告すべきである。この際には、内部火災、サイバー攻撃による事故シーケンス（テロ対策上公表は控える）等も含め検討することが求められる。

外的事象（自然現象、人為事象）に起因し過酷事故に至る事故シーケンスについては地震ＰＲＡが進められてきたとは言え、津波に関しては東京電力福島第一原子力発電所事故以降検討が行われるようになったが、内部溢水ＰＲＡを含め未だ十分とは言えず、その他の起因事象に基づく事故シーケンスは未だ確立されていない。また、ケースによっては実施が困難あるいは高い信頼性を期待出来ないと思われるものもある。これらの外的事象については、イベントツリーによる影響評価等を実施し、内的事象に起因する事故シーケンス等から得られた知見も活用して総合的に評価することが望ましい。

規制機関は、事業者の評価内容および評価結果、それに基づくアクシデントマネジメントを十分に検討評価し、炉心損傷の発生防止及び万一、炉心損傷が発生しても、その影響を最小限に留めることを確認することが責務であることは論を待たない。この対応のためには、規制機関は安全目標あるいは規制上の判断基準を明確に定める必要がある。

7・2　過酷事故を誘引する内的事象

従来、内的事象により炉心損傷に至る事象としては、BWRについては、大破断LOCA、外部電源喪失、スクラム失敗、給水喪失、小破断LOCA、過渡事象、高圧注水系喪失、低圧注水系喪失、崩壊熱除去系喪失等、PWRについては、大、中、小破断LOCA、蒸気発生器伝熱管破損事故、二次系配管破断、その他、外部電源喪失、主給水系機能喪失、過渡事象、ATWS等が事故シーケンスとして考えられてきた。そして、事象の進展の過程で要求される工学的安全設備の機能が維持されるか喪失するかによってシーケンスは分岐するが、多重故障や共通要因故障についても十分に考慮、評価をすべきである。

その他、東京電力福島第一原子力発電所事故を教訓とした全電源喪失事故や内部火災、複数本の制御棒の飛び出し事故、サイバー攻撃、使用済燃料プール冷却水喪失事故等も起因事象として検討を怠ってはならない。

7・3　過酷事故を誘引する外的事象

外的事象に起因する項目として、以下に示す自然現象に起因する項目と人為事象に起因する項目に対する検討が必要である。

7・3・1　自然現象に起因する項目

・地震：
設計基準地震動を超える事象が対象となるが、既に、各プラントでストレステストが行われており、その結果を良く吟味し過酷事故を防止できるか、あるいは緩和策は如何にあるべきか検討することも一案である。

・津波：
想定津波高さを超える事象が対象となる。防潮堤で津波を防げなかった場合、屋外設備の健全性、重要な建物の浸水対策等が検討対象となる。地震と共に発生する津波による複合災害についても考慮する。

・気象の影響：
暴風、竜巻による屋外設備等の損壊、火災、砂嵐、高波等の影響が想定される。暴風雨を含め豪雨に伴って発生する可能性のある河川の氾濫や洪水、土石流、鉄砲水、山崩れ、地滑り、がけ崩れの影響についても検討を要する。また、豪雪による荷重、雪崩、吹雪の影響も想定される。融雪による影響としては、山崩れ、地滑り等の影響についても検討対象となる。さらに落雷による電流の影響、落雷による火災が挙げられる。その他、高温、低温（氷結）、海水位の異常な上昇または低下についても想定外としてはならない。上記の気象影響の検討に当たっては考慮すべき範囲を限定すべきではない。

・火山活動：
火山活動によって発生する火山弾、火山礫、火砕流、溶岩流、土石流、爆風、降灰、火山ガス滞留について考慮する。特に降灰による吸気系統への影響を検討する。

・隕石の落下：
隕石が原子力施設又は近辺に落下し、衝撃波も含めて重大な影響を及ぼす確率は極めて低いであろう。本評価を取り込むべきかどうかは、未だ国際的なコンセンサスが得られていない。

・生物学的影響：
エチゼンクラゲ等の大量発生に起因した冷却水の取水口への影響を考慮する。

7・3・2　人為事象に起因する項目

・火災、爆発：
原子炉建屋外、敷地境界外における火災、爆発による影響が想定される。

・船舶の衝突、座礁‥
海中及び海岸近くの設備の損壊、原油漏れによる取水の阻害が想定される。
・航空機墜落‥
事故によるもの― 軍用機、小型機、大型機、10^{-7}回／炉・年以下ならば想定不要としてきた。
テロによるもの― 大型機、小型機
随伴して火災発生も考慮しておく。
・テロによる妨害・破壊行為‥
爆薬、ガソリン等による火災・爆発を伴う妨害行為を想定したケース、ケーブルの切断、中央制御室の破壊、安全上重要な設備の破壊等物理的な影響を与えるケース、毒性ガスや伝染病等人的に影響を与えるケース等様々なケースが想定される。
・サイバーテロ等情報ネットワーク上において影響を与えるケースも対象とする。
発生確率の極めて低いものは、その旨明記しつつ、万が一の場合に対し、過酷事故の発生防止と発生した場合の影響緩和のために多種多様な対応の組み合わせを考える。その際、人的な能力や知識に基づいた対応、既存施設を活用した対応、外部支援による対応等も考えておくべきである。

8　対策の具体例

　ここでは、主に津波対策の具体例を通して、一部ではあるが理解を深めるために過酷事故への対応を紹介する。**第8－1図**は、東京電力福島第一原子力発電所の原子力事故を受けて、規制機関により対策が取られつつある項目の一覧である。ここでは、我が国の自然災害の原子力発電所に与える過酷なものとして地震・津波を代表例として想定して、対策案を策定している。

8・1　東京電力福島第一原子力発電所事故の教訓を反映したアクシデントマネジメント

　東京電力福島第一原子力発電所事故（以下、本章では「東京電力福島第一事故」という）では、原子炉は停止できたが、その後全ての電源を失ったため燃料を冷却できず、放射性物質を大量に放出する大惨事に至った。原子炉の冷却機能の維持は、原子炉の安全の根源的な課題である。また、万が一の場合に格納容器の過圧を防止する浄化機能付きの格納容器ベントシステム（フィルターベント[5]）

5　炉心の著しい損傷を伴う過酷事故が発生し、格納容器内雰囲気の圧力及び温度が設計圧力、温度を超える恐れが生じた場合、適切な対応をしなければならない。その手段としては、格納容器フィルターベント設備または格納容器雰囲気再循環設備が考えられる。

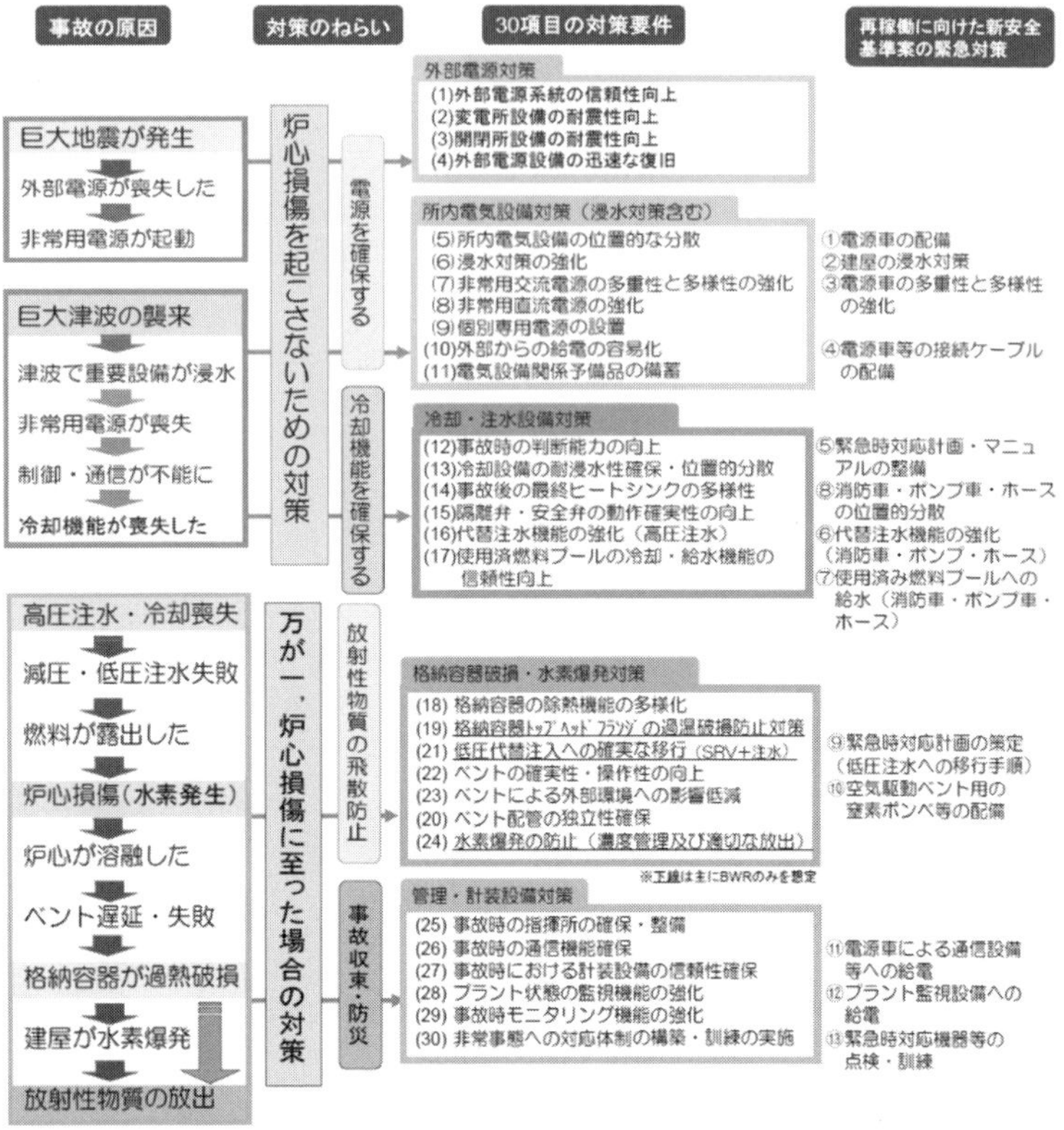

第8-1図　原子力安全・保安院の事故の原因と進展に応じた30項目の対策【参22】

を設備することは、過大な放射性物質の放出を抑えることになり環境保全の観点から推奨されよう。

即ち、過酷事故の発生防止と影響緩和対策の最重要課題は、継続的に利用できる最終ヒートシンクを含めた燃料冷却機能を確保し、放射性物質の環境への放出量を社会的に受容できる範囲に抑え込めることにある。国内の既設の原子力発電所は海水や大気を最終ヒートシンクとしており、これらは建物の外に配置せざるを得ないため外部事象の影響が直接及ぶ。事故シーケンスの検討で想定が望ましいとした自然現象、人為事象について、建物の内部に設置された安全設備は、建物の強度を向上させる、建物の気密性や水密性を強化する等の対策によって機能を確保することが可能である。

しかし、多様な事象の組み合わせの下で、最終ヒートシンクを含めた燃料冷却機能を確実に確保するのは容易ではない。恒設の設備と同等に可搬式の電源やポンプ、仮設の配管などを使い池や河川、海から冷却水を取り込む、更に、空陸海路から冷却水や電源、燃料などを輸送し、これを柔軟に活用して対応できる備えや日ごろの訓練が有効である。

この観点を含めて、東京電力福島第一事故発生後、原子力安全・保安院は、事故事象を具体的に追及し、平成二四年二月に今後の規制に反映すべきと考えられる事項を5分野にわたり合計30項目にまとめた（**第8－1図**参照）【参22】。それらは、外部電源対策（4項目）、所内電気設備対策（7項目）、冷却・注水設備対策（6項目）、格納容器破損・水素爆発対策（7項目）、管理・計装設備対策（6項目）である。

これらの対策は、東京電力福島第一事故と異なる過酷事故の防止及び影響緩和策として有用な項目が多い。

これらの技術的知見と対策は、基本的にＢＷＲを念頭に整理しているが、ＰＷＲを含めた原子力発電所における過酷事故の発生防止及び影響緩和策として有用な項目が多い。過酷事故の発生防止と影響緩和に用いる主要設備は、信頼性の観点から既存の安全設備と同等に多重性、多様性と独立性を有する電源を含めた恒設設備とすべきである。

8・2　教訓の他プラントへの反映

以下に、東京電力福島第一事故の教訓の反映として、地震・津波とも自然災害のハザードがもっとも厳しいとされる中部電力浜岡発電所（以下、浜岡発電所）への適用例を取り上げて対応策を見てみる。

8・2・1　地震・津波の評価法

中部電力浜岡原子力発電所に関しては、遠州灘沖の北緯34°線を震央位置として一〇九六年に永長地震（M8.3）、一四九八年に明応地震（M8.3）そして一八五四年に安政東海地震（M8.4）が発生している。そのため浜岡原子力発電所では基準地震動Ssとして福島第一原子力発電所より大きい最大加速度800ガルを想定している。さらに浜岡原子力発電所では約1、000ガルの耐震安全目標を自主的に設定し、二〇〇八年三月に3号機～5号機の補強工事を完了している。

福島第一原子力発電所では、二〇〇二年に土木学会が発刊した「原子力発電所の津波評価技術」に基づき、二〇〇九年に津波高さ6.1mと評価していた。東北地方太平洋沖地震後、地震・津波の専門家は観察事実に整合する大規模地震・津波シミュレーションを行い、〝日本海溝側に沿った数ヶ所の断層の動き（地震規模は小さい）から生じた想定レベルの津波が福島第一原子力発電所沖で重畳し想定外の高さ（15ｍ）に成長した〟ことを見出した。このような東北地方太平洋沖地震・津波の知見に基づき、中央防災会議の下に設置された内閣府「南海トラフの巨大地震モデル検討会」は、東京電力福島第一事故以前のＭ8.5より大きい連動地震Ｍ９を新たに想定し、最大クラスの津波を評価する新たな津波断層モデルを検討してその結果を公表した。このモデルでは、断層滑り量を二〇一一年東北地方太平洋沖地震、二〇一〇年チリ地震、二〇〇四年スマトラ沖地震などの解析事例等の調査に基づき決め、更に、従来に比べて大きい津波高さを与える条件を加えて最大クラスの津波を評価している。このモデルによれば、浜岡原子力発電所付近での最高津波高さはＴ．Ｐ．（東京湾平均海面）＋19ｍ程度と評価された【参23】。

因みに、浜岡原子力発電所が面する遠州灘では、一八五四年安政東海地震で発生した津波が既往津波の中では最大級と評価されており、発電所東側の御前崎から浜名湖西側の白須賀間の満潮時最大津波痕跡高さは約６ｍと報告されている。また、二〇〇三年の中央防災会議での評価値はＴ．Ｐ．＋７ｍ程度であり、新モデルによる評価値が如何に大きいかが分かる。仮に、南海トラフ沿いで近未来に起こる連動地震による津波評価モデルとしてこのモデルを国・当該県・当該自治体が採用した場合、南海トラフに面する東海・近畿・四国・九州地域の防災・減災のための社会インフラ整備費は莫大な額となる。それ故、社会インフラの合理的な立案には、対費用効果を考慮した現実的な津波モデルが必要である。新モデルは、東京電力福島第一事故後の原子力発電所安全性評価用モデルとして利用されるべきものと考える。

8・2・2　電源対策

東京電力福島第一事故直後に原子力安全・保安院が指示した非常時所内電気設備対策は、全ＢＷＲとＰＷＲ発電所で火災・爆発・台風などの地震・津波以外の外的事象にも対処できる高台への非常用大型発電機の設置・電源車配備として進められている。また、東京電力福島第一事故の技術的知見としてまとめられた対策1〜4の外部電源系統の信頼性向上、変電所・開閉所の耐震信頼性向上および関連設備の迅速な復旧についても各発電所で改善が迅速に進められている。

中部電力浜岡原子力発電所では、津波の影響を受けない高台（T.P.＋40ｍ）に専用免震建屋を建設し、炉心冷却系統・燃料プール冷却系統等に十分な大容量ガスタービン発電機4000kVA×6台（各系統が多重化でき、燃料は2週間分を確保）を設置する。そこから耐震地下ダクト経由で電源ケーブルを浸水対策済みの原子炉建屋内上階の電源盤（切り替え盤を含む）設備に常設接続する（対策5　電源設備の（垂直方向および水平方向）位置的分散、対策6　浸水対策強化、対策7　非常用交流電源の多重性・多様性）。この電源系は中央制御室等から遠隔起動できる。また、高台には非常時電気品建屋・非常時資機材倉庫を設けると共に共通給電口の分散化（対策10　外部の給電の容易化、対策11　電気設備関係予備品の備蓄）も進められており、非常時のキーとなる設備・部品の故障・損傷にも即応できる体制が取られている。さらに、各原子炉へ既設直流電源と同容量の予備直流電源（専用充電器を含めて）を追加設置する（対策8　非常用直流電源の強化対策・対策9　個別専用電源の設置）【参24】。現在、火災・爆発等にも配慮した同様の設置・配備作業が全発電所で迅速に進められている。

8・2・3　過酷事故防止・緩和の具体策

東京電力福島第一事故の直後に原子力安全・保安院がＢＷＲとＰＷＲの原子力発電所に対して指示した冷却・注水、格納容器破損・水素対策等の事故防止・緩和対策（対策12～24）は、火災・爆発・台風などの地震・津波以外の外的事象への対処も配慮に入れて可搬式ポンプ、仮設水中ポンプ、代替熱交換器車、水素検出器等の確保・配備として進められている。

浜岡発電所での取り組みは、東京電力福島第一事故後の新津波評価モデルに基づき、建設されている防波壁（海抜22ｍ）に対して、越流あるいは取水槽等からの溢水を想定し、炉心冷却機能を確保するため既設の屋外海水取水ポンプエリア周辺に防水壁（高さ３ｍ）を設け、さらに、この海水取水ポンプの機能が喪失した場合を想定し、新たに緊急時海水取水設備を各号機にそれぞれ設置する。具体的には、耐波力と水密性を考慮して造られた新たな建屋内に、非常時海水取水ポンプ各号機２台を設置して海水による炉心冷却機能を確保するものである。また、これらのポンプは、中央制御室等からの遠隔操作により速やかに起動できるようにしている（対策13　冷却設備の耐浸水性確保・位置的分散）。

原子炉建屋等の浸水対策として建物外壁の扉は水密扉・強化扉で二重化する。既設非常用ディーゼル発電機等の給排気口はシュノーケル化し、より高所に給排気口を設けるなどの浸水対策を施す。配管等の建屋貫通部についても防水性・耐水圧性・耐震性の観点から信頼性の高い止水材や閉止盤を施す。このような対策により建屋内の非常用ディーゼル発電設備を含む炉心冷却機能および燃料プール冷却機能に関連する設備への浸水を防止する（対策13　冷却設備の耐浸水性確保・位置的分散）。

上述の直流電源強化・耐浸水性強化で、東京電力福島第一事故で活躍した〝炉心残留熱で発生する蒸気により駆動できる〟タービン駆動式原子炉隔離時冷却系（ＲＣＩＣ）の信頼性を格段に向上させることができる。また浜岡原子力発電所では、さらに既設の海水取水ポンプ系と新設の緊急時海水取水ポンプ系が何らかの理由で機能喪失しても、既設のモータ駆動高圧炉心スプレイ系（ＨＰＣＩ）が作動出来るように、新たに高圧ポンプ用空冷式熱交換器を原子炉建屋中間屋上に設置している。また、既設原子炉残留熱除去系に代替熱交換器車を接続できるよう改造工事を行う（対策14　最終ヒートシンクの強化）。

原子炉と燃料プールへの注水水源は、既設の復水タンクと復水貯蔵槽に加えて、敷地内高台（Ｔ．Ｐ．＋30ｍ）に大容量の共用緊急時淡水貯槽を設置する。この設備は、容量９０００m^3のコンクリート製貯槽とポンプ室からなり、上述のガスタービン発電機から受電して運転するモータ駆動ポンプおよびディーゼル駆動ポンプ各１台（多様性）を設置し、各号機の原子炉と使用済燃料プールへ給水できる。これに加えて、３号機の試掘トンネル（設置申請用岩盤データを取得するために設けた）に淡水を満たすことにより、炉心と使用済燃料の冷却に必要な淡水を約２週間分確保できる（対策16　代替注水機能の強化、対策17　使用済み燃料プールの冷却・給水機能の信頼性向上）。

以上のように非常時の電源・注水・最終ヒートシンクの多様化・多重化を図ることで、炉心損傷後の影響緩和策である原子炉格納容器スプレイ機能の強化（対策18）や格納容器トップフランジの冷却機能の確保（対策19）が可能となる。また、上述の代替熱交換器車を影響緩和策（対策18　格納容器の除熱機能の多様化）としても利用する。このような対策で、東京電力福島第一事故で生じた格納容器の損傷は防止（あるいは大幅に軽減）できる。炉心損傷により水素が発生し放射性物質が格納容器内に放出される事態においても、水素検出器で水素濃度を確認しつつ原子炉建屋からの水素ベントと原子炉格納容器内でのスプレイ・水プールによる浄化と格納容器外での浄化機能付きベントシステムを併用し放射性物質の環境への放出を大幅に軽減する（対策22　ベントによる外部環境への影響の軽減、対策24水素爆発の防止）【参24】。

対策25～30は炉心損傷後の影響緩和時も含めた非常事態での管理・計測設備対策である。これらは、事故後の炉内の状況や炉心の状態、また周辺の放射線計測などの重要データの採取と敷地内、関係機関との情報の交換、意思疎通が重要な教訓であるとして対策に加えられた。具体的な取り組みは全発電所で進められているが、計測方法の開発を含めて、取り組んでいかなければならない課題は多い。

言うまでもなく、このような過酷事故防止・影響緩和対策は、教育訓練を積んだ発電所所員が非常事態を的確に把握し、臨機応変に可搬設備群と恒設設備群を活用できることを前提としている。

8・3　安全余裕度の考察とフィルターベント策

全交流電源の喪失によってモータ駆動の全てのポンプが使えなくなり、事故時の炉心冷却手段として想定していた炉心から最終ヒートシンクまでの熱の移送手段がなくなる。この際に残された手段は、東京電力福島第一原子力発電所で実施されたように炉心への代替注入手段によって炉心の熱を奪い大量に蒸発した蒸気を原子炉容器の外に逃がすルートを確保することである。

今回の東京電力福島第一原子力発電所の事故で最も躊躇したのは、代替注入手段として海水の利用の選択と炉心を冷却した蒸気（放射性物質を含有）を含む格納容器の雰囲気を直接に格納容器外に放出（格納容器ベント）する事であった。海水を利用し炉心に注水した場合には、発電プラントとしては、二度と使えなくなる恐れがある。

今回の東京電力福島第一事故の起点である全交流電源喪失と炉心冷却について着目してみる。

PWRでは、原子炉系（一次系）とタービン系（二次系）が蒸気発生器によって分離されており、2次系は放射能を含まないことから、原子炉の冷却のために蒸気の逃し弁を開けることには運転員の心理的抵抗感は無く対応は容易であると考えられる。蒸気発生器への注水は、2次系蒸気駆動ポンプによって2次系の給水ラインから行い、蒸気発生器を通して蒸気を大気に放出することにより、1次系の自然循環が達成されて炉心を冷却する。これにより炉内圧力と冷却材温度を半日から1日程度で安定な状態に推移させることができることは解析により示されている【参25】。更に低温停止に向けては消防ポンプによる注水等の手段による冷却で対応する。直流電源まで喪失した場合は、やはり蒸気駆動ポンプや蓄圧注入系の窒素注入防止などの弁操作機能を喪失させない考慮は必要である。

長期の安定的な崩壊熱の除去には本来の余熱除去系（RHR系）の作動が期待される。RHRの熱交換器やポンプが故障した場合でも、格納容器外の原子炉補助建屋に設置されているので接近が比較的容易であり、修復や交換など対処がやり易い。

BWRでは、採用した時代により格納容器の形式が異なる。事故を起こした東京電力福島第一の1～4号機のMarkI型格納容器は出力の割に容積が小さいが、MarkI改良型格納容器ではドライウエルの形状をフラスコ形からビーカー（卵）形に替え容積を増加させた。加えて、原子炉容器の相対位置を低くし耐震性を上げるなどの改良が加えられてきた。また、MarkII型や改良型沸騰水型炉（ABWR）などではドライウエルとウェットウエル（SC）を一体化し格納容器の容量が大きく構造も異なり安全余裕度を大きくしている。特に、ABWRは、再循環ポンプを原子炉容器内に内蔵して大口径配管破断LOCAを無くす、格納容器と建屋一体構造化による耐震性強化、非常用冷却系の系統分離、制御用表示板の簡素化と大型表示による運転員の情報共有など安全系に様々な進展がみられる。それだけ安全余裕度が大きいと考えられる。


BWR、PWRを問わず、全交流電源喪失では海水への放熱が不能となるので、最後の手段としては、原子炉容器に水を給水しながら蒸気を原子炉容器外に放出し蒸発熱で冷却する「Feed and Bleed」が唯一の成功シナリオであることも認識すべきである。

このように炉型や形式など個別の原子力発電プラントにより設計基準事象を超える事象に対する過渡応答が異なるので、追加の安全設備の設置に当たっては、当然のことながら、これらを踏まえた対応を考えるべきである。また、単に設備偏重に陥ることなく手順書の整備や教育訓練の充実が不可欠である。

新基準で触れられているフィルター付ベントについてこれまでの経緯を踏まえて考察する。

ＢＷＲは、格納容器内は窒素ガス雰囲気で不活性化されているので大量の水素が発生しても格納容器内で爆発や燃焼することはないが、格納容器の自由容積が比較的小さいので、水蒸気や水素などの非凝縮性ガスの大量発生による過圧を防ぐ目的でベント装置を付けている。従って、過酷事故対策として、燃料損傷後、炉心損傷が始まる前にベントすれば、格納容器の雰囲気はウェットウエル（ＳＣ）の水で洗浄されて、放射性ヨウ素やセシウムは100分の１以下になると期待されていた。平成二年に実施したＢＷＲの格納容器ベントの文献調査においては、米国やドイツにおいて過酷事象における格納容器ベントの重要性が示されていた。ＢＷＲでは、ベントが遅れた場合に備えて、アクシデントマネジメント用として格納容器の保護のために、ラプチャーディスクを設置した耐圧強化ベントラインを追設し、大量蒸気が一気に放出できるように改修された。また、格納容器と連通して原子炉が減圧されれば、消火系統からの炉心への注水が容易となるので、その代替注水手段が追設された。炉心注水が使えれば著しい燃料の損傷が防げ、水蒸気と水素の発生を抑えることができる。更に、原子炉容器下部のペデスタルへも注水ができるようにした。

このように既に設備的な対応はとられていたのであるが、設計目的の理解や使用手順、訓練が不十分で、その趣旨が活かされず大事故に至ったのは残念である。このような経緯を考慮すると、新たにＢＷＲの格納容器にフィルター付きベントを設置する場合は、最後の手段としての重要性もあるが、初期段階において原子炉圧力を減圧し炉心注水手段を確実にするため、初期の段階で格納容器ベントを実施し原子炉圧力の減圧を容易にすることは、炉心溶融防止の目的からも有用となる。

ＰＷＲでは、格納容器内は自由容積を大きく取っているので、過酷事故時に大量発生する水素だけで格納容器が設計圧力を上まわることはない。また、過酷事故時には水素と同時に大量の水蒸気が発生するが、ＰＷＲでは水蒸気が格納容器を過圧する原因であると同時に発生した水素を燃え難くしている。ただし、比較的自由容積の小さいアイスコンデンサー付き格納容器を持つ炉型では、長期間を考慮すると格納容器の冷却が進み蒸気の分圧が下がること、また水の放射線分解によって水素と酸素の濃度が徐々に上昇し可燃域に到達することから可燃性ガス濃度制御設備（最初の安全設計審査指針から存在）がアクシデントマネジメント用として設けられている。

このように自由容積が大きく、事故時に水蒸気を大量に保有するＰＷＲの格納容器の減圧策としては、この水蒸気を凝縮させることが最も効果的である。このことからＰＷＲでは過酷事故対策として格納容器のベントシステムではなく代替注入設備が採用されている。ＰＷＲの過酷事故における格納容器の過圧防止対策として新たに考えられている格納容器雰囲気を外部に放出（ベント）せず、格納容器雰囲気を循環冷却することで蒸気を凝縮し減圧する格納容器雰囲気再循環設備は、万が一の場合に、環境への影響を軽減できるものであり有効な対策の一つと考えられる。

東京電力福島第一事故では、著しい燃料破損や炉心溶融によって大量の水蒸気や水素等の非凝縮性ガスが発生し格納容器の内部圧力が設計圧力を大きく超え、破損に至る事象を経験した。このように格納容器が短時間にかつ大規模に破損すると、大量の放射性物質（ヨウ素、セシウム、ストロンチウム）が水蒸気や非凝縮性ガスと共に敷地外に放出され、環境や住民に重大な影響を及ぼす結果になる。

この放射性物質の量を低減する濾過〔フィルター〕機能を持たせ、過圧による格納容器の破損を回避するために、内部の雰囲気を放出することにより減圧する目的で設置されるのがフィルター付き格納容器ベントである。この設備は、格納容器を守る最終手段であるが、5・2・3章（環境汚染への配慮）に述べたように環境目標に適合させるために、その設置は十分考慮すべきものである。このフィルター機能の例として薬液と金属フィルターを組み合わせた設計が示されている。

このように多様な防止措置のバックアップとして、フィルター付き格納容器ベントは設置が検討されているが、先に述べたとおり、これは、アクシデントマネジメントの最終手段として使われる場合には、従来の検討経緯、炉型による格納容器形式の違い等を踏まえて、事故進展初期の段階での格納容器圧力解放の手段などの必要性や有効性と安全性への影響も含めて詳細に検討すべきであろう。

重要なことは、地域住民の立場に立って、如何なる場合にも周辺住民に放射線による許容し難い被曝及び環境汚染をもたらさない信頼性の高い、安心出来るシステムとすることである。

8・4　諸外国の事例

8・4・1　海外における設計基準において想定する外的事象

IAEA：発生頻度と可能性のある有害な影響を最小限に
耐震設計ではクリフエッジ効果の回避

米　　国：歴史的データから最も過酷な事象
　　　竜巻は、10^{-7}／年以下の設計基準風速は考慮外
英　　国：全発生頻度が10^{-7}／年未満は対象外
フランス：ハードンド・コア（Hardened Core）の整備要求（二〇一二年六月）
例外的な規模の自然現象や電源の長期間の喪失に対しても、炉心溶融を伴う事故の防止又は進展の制限、大規模な放射性物質放出の制限が出来る頑健性を有する組織や建屋の確保

8・4・2　海外における航空機衝突（事故）

米　　国：原子炉立地基準（10CFR　Part100）では、発生頻度が10^{-7}／炉年を超える場合には設計上考慮すること
しかし、同時多発テロ後、爆発・火災によりプラントが大規模に損傷した状況下で、炉心冷却、格納容器及び使用済燃料プール冷却の能力を維持するか復帰させるための戦略の策定・実施を要求（暫定措置命令B.5.b　その後、連邦規定）
また、新設炉に対しては、大型航空機の衝突対応を求めている。
ドイツ、スイス：一九七〇年代末の軍用機の墜落事故を受けて、軍用機の衝突事象を設計基準事故として評価。対策としては、航空機衝突に備えて非常用電源系や残留熱除去系のような安全関連設備を空間的、物理的に冗長化し分離している。また、これらの措置は、既設プラントに対しバックフィットされている。

フランス、フィンランド：新設プラントについて、大型航空機の衝突を考慮している。（EPR）

8・4・3　海外における航空機衝突（テロを含む）

英　国：サイズウェルB（一九八八年着工）では、意図的な航空機衝突も含めた対応として、代替の空冷式予備最終除熱装置などの除熱システムの強化、二重格納容器の設置、独立した建屋に分散した電源、第二制御室の設置等が講じられている。

米　国：同時多発テロ後、爆発・火災によりプラントが大規模に損傷した状況下で、炉心冷却、格納容器及び使用済燃料プール冷却の能力を維持するか復帰させるための戦略の策定・実施を要求（暫定措置命令B.5.b　その後、連邦規定）

また、新設炉に対しては、大型航空機の衝突対応を求めている。

8・5　原子力安全・保安院の対策の津波以外への有用性と今後の課題

8・1章で示したように原子力安全・保安院の30項目の対策は、当然、津波以外の7章で示した自然現象および人為事象に起因する過酷事故防止・緩和対策としても活用できる。例えば、原子力規制委員会が規制要求に入れるテロ対策としても以下の米国のテロ対策と同等な対応で有効である。米国原子力規制委員会は、二〇〇一年九月一一日直後に、大型定期便航空機によるテロ攻撃の可能性、火災を含む物理的インパクトおよび環境への放射性物質の放出の可能性を最新の構造解析と火災解析の技術を用いて評価し、原子炉が損傷し放射性物質を放出する可能性は低いことを確認した。さらに、原子力発電所のリスクの一層の低減を目的に「B.5.b 項」と呼ばれる以下の対策を各原子力発電事業者に要求した：－設計基準を超える航空機衝突の影響を含めた様々な原因による大規模火災および爆発で、施設の大規模な機能喪失が生じた状況でも、容易に利用可能な手段を活用して原子炉冷却、格納容器および使用済み燃料プールの冷却機能を維持または復旧するための緩和方策を採用すること。－

この「B.5.b 項」要求は、30項目の対策の観点で言えば、〝可搬式の電源・給水・熱交換器設備や教育・訓練された人材など容易に利用可能なリソースを使った柔軟で現実的な冷却機能の維持または復旧策〟の要求である。二〇〇三年頃、米国は、日本を含めた原子力発電所保有国に対して、この内容を（テロ対策であることから）秘密裏に通告していた。日本では東京電力福島第一事故後に漸くこの通告に該当する内容も含めて、火災・爆発・機能喪失等が発生する可能性がある事象に対する非常時対策を用意したことになる。

当時の原子力安全・保安院は、上述の米国からの通告を国・原子力界が引きずってきた「絶対安全の容認ないしは甘受」から脱却し、原子力発電所のリスクを総合的に低減できる好機と捉えることができなかった。例えば、22万人以上が亡くなった二〇〇四年のスマトラ島沖地震と長期の変圧器（重要度は低い）火災で注目された二〇〇七年の中越沖地震を踏まえて、万が一の場合の津波・火災・爆発等の外的事象に対する総合的なリスク低減策として、想定される事象とその事象の進展に対して、この低コストで柔軟に対応できる可搬設備群の配備を各発電所に勧告していれば、東京電力福島第一事故の進展は大きく異なっていた可能性が高い。因みに同じ地震国で一九九九年にM7.6地震を経験した台湾では、米国の通告を受け入れて、三・一一以前に大容量の水源の準備も含めてこの種の総合的リスク低減対策を済ませていた。我が国の原子力規制委員会は、遅れ馳せながら、津波などの外的事象にも対応できる「B.5.b項」相当のテロ対策を規制要求に入れる。

我が国は自然災害リスクの大きな国情でもあり、地震・津波のリスクのみならず、これまでも視野に入れて来た航空機落下対応や竜巻、隕石落下事故などへの対応と共に、大規模な火山噴火やテロによる妨害行為にも対応できる体制と対策を準備しておく必要がある。

言うまでもなく30項目の対策のほとんどはハードの要求である。

過去の歴史的事情を反映し、東京電力福島第一事故以降も放射線のリスクに踏み込んだ本質的な議論が国内では出来ず、国民が容易に理解できるハード志向の安全対策のみが続く結果となっている。東京電力福島第一事故以降のこの現実は、5・1章で述べた原子力発電所の安全尺度として「諸外国と比べた日本の原子炉の計画外停止頻度」を利用していた流れと同じと言わざるを得ない。4章から6章で述べた観点で日本の原子力発電の安全性がハードとソフトの両面から向上するためには、国、原子力界が役割分担を明確に自覚しそれぞれの役割で対応することが極めて重要である。過酷事故対応の基本はマネジメント（ソフト）であることは、事故の領域からも、また東京電力福島第一事故の経験からも多くの事故調ほかの分析においても、認識が一致するところである。このマネジメントをいかに規制化し、原子力発電所を運用するものが、安全確保する仕組みとして充実させて行くか、がこれからの重要な課題である。過酷事故に至らないまでも、プラントの安全を確保して運転を行うのは現場の運転員であり、万が一の事故に至った場合でのプラントに直接対応しなければならないのも、運転員と原子力発電所（サイト）の責任者、所長であることは今回の事故の対応の状況からも明確である。従って、これらの人材の事故の処置への対応能力を常日頃から維持向上させる仕組みを持っておくことが、国の原子力規制上、また、政策としても重要な課題であると考える。

更に、防災において非常時に自衛隊の協力を含めて、原子力の安全確保を目指した透明性のある組織間並びに理学と工学を超えた専門分野間の効果的な連携は必須である。

9　提言

第一に、原子力安全のための基本理念を「原子力安全の基本的考え方について、第Ⅰ編原子力安全の目的と基本原則」（日本原子力学会）等を参考にして策定し、全ての原子力関係者（自治体を含む）が共有し、それぞれの責務を果たすことが肝要である。

第二に、深層防護の考え方を理解するとともに、それに従い機能を考慮した深層防護設計を重視し、システムとしての安全を確保する仕組みを構築し、運転プラントにも適用すること。設計基準を超える事態には、事象の様々な進展シナリオに対応するアクシデントマネジメントの仕組みを構築するとともに、常に新たな知見を導入し対応を確実にすることが必要である。

第三に、アクシデントマネジメント対応は、事故後の対応に重要な回復力を考えたいわゆるレジリアンス工学の概念を導入して想像力を前提とした回復シナリオを構築して、様々な手順を策定することが求められる。複雑化した手順の実効性を確実にするための情報技術（ＩＴ）を用いた手順の提示と手引きが必要である。

第四に、人材育成には様々な方策がある。安全文化の醸成、人材交流の活性化、資格制度の強化などがあるが、今回の事故における対応を見ると、過酷事故に直面することを想定し、この場合の対応をリーダーとして確実に指揮できる専門職を配置することが肝要である。同時に全ての運転員のレベルを上げるために、原子力発電プラントはその複雑さ、リスクを考慮し、重大な責任を持つ位置づけとする地位と報酬、責任を明確にする必要がある。

我が国の原子力発電のハード、設備製造、設計建設の技術は世界有数のレベルであることは、世界が認めるところである。半世紀前の原子力発電技術の導入以来、原子力産業はそこまで進歩、発展してきた。一方、原子力の安全規制の面ではどうだろうか。エネルギー確保のための国策として、原子力発電の導入を決定したが、ソフト面での、国民の理解を得ると言うコンセンサスやコミュニケーションという点を含めて、「原子力安全」に対する考え方は国際的な考え方、基準からずれ、遅れたものとなった。それぞれが、真剣に本質的な「原子力安全」の確保に取り組んでこなかったことが、今回の事故の要因の一つと言えるのではないだろうか。

まず最初に、原子力発電に携わってきた技術者、研究者がこれを反省し、胸襟を開いてここで述べて来た新たな取組みに身を投じていくことこそが必要と考える。

世界を視野に入れて、今こそ福島の教訓を活かし、国際協力による東京電力福島第一原子力発電所の処理と地域の復興、そして「原子力安全」の確立への取組みを行うことが、世界一安全な原子力発電の実現を目指す我が国のなすべきことである。

アジアでの原子力発電所は建設計画も含めて、韓国では31基、中国では40基（計画では100基とも200基とも言われている）、インドでも31基であり、近々世界では原子力発電所500基を超すであろう。

東京電力福島第一原子力発電所の事故は日本だけの経験ではない。私達がこの経験を活かすことが、世界が求める原子力発電の「原子力安全」を確保するために必要なことである。世界がこの経験を共有し、生かして行かなければならないのであり、我が国は世界に対してそれに協力する責任を負っている。

既存の原子力発電所の稼働については、東京電力福島第一原子力発電所事故がもたらした影響に鑑みれば、設計基準事故を超える過酷事故領域である深層防護のレベル4への新たな継続的な対応が不可欠である。このためには、大規模な地震・津波の襲来に対する対策を確実なものとするとともに、他の要因によるレベル4の対策をそれぞれの発電所の設計、立地等の条件を考慮して、逐次、適切に充実させることを迅速に判断すべきものと考える。

また、どのような対策を取ろうとも、他産業と同様に原子力発電も絶対安全はなくリスクは存在する。上記の対応は、そのリスクを最小化するべきものであることを、原子力発電がもたらす便益とともに国民の理解を得るコミュニケーションが重要である。

以下に、具体的に要点としての提言を示し、その解説を付記する。

提言1：如何なる自然災害、人為事象も「想定外」として済まされない。原子力安全を確保するためには「想定外」を無くす努力こそが大切である。

（解説）原子力施設の安全確保には想定外は許されない。徹底した自然災害、人為的事象及び内部事象等による事故事象の想定と対策を規制機関、事業者は検討すべきであり、その仕組みを構築することである。想定外をなくすには、多面的な多くの想定を行う以外にはない。いかに多くのシビアアクシデントのシナリオを想定し、それぞれに対する対策の立案とその実施訓練こそが想定外を無くす最善の策と言える。

提言２：原子力安全の確保の体系を確立し、その運用のための安全審査指針・基準類を既成概念に捉われずに見直し、世界的に高く評価されるレベルのものとする。

（解説）原子力発電所の原子力安全の確保について、ＩＡＥＡのSafety Standardなどを参考に我が国に適した「原子力安全の基本的考え方」を確立し、それに基づいた安全目標、性能目標などの体系化を進め、安全規制の考え方を早期に確立すべきである。
また、これまでの安全設計審査指針等に関し、東京電力福島第一原子力発電所事故の教訓を反映した徹底的な見直しを行うとともに、安全評価審査指針には、新たに深層防護レベル４における過酷事故への対応として、その安全評価方法などを確立して示さなければならない。

提言３：全ての原子力関係者はそれぞれの役割において自らの責務を認識し、原子力安全の確保を第一として取り組む。特に、規制機関は、広く専門家の意見を聞きつつ過酷事故の発生防止と、万一、発生した場合の影響緩和に関する根本原則を策定する。事業者は、このための過酷事故の防止・緩和対策の具体化を図り、常に緊張感を持って、その実効性ある実施に取り組む。

（解説）万一、過酷事故が発生しても敷地境界付近の公衆及び環境に放射性物質の放出による許容されない影響を与えてはならない。すなわち、原子力発電所及びその他の原子力施設の設計、建設、運転においては、このことを片時も忘れてはならない。そして、不断に新たな知見、研究成果をとり入れることを心がけるべきであり、原子力専門家も積極的に協力すべきである。

提言4：国および事業者はそれぞれあるいは協働して、また、原子力を専門とする科学者、技術者は関係する学会等を軸として、原子力発電について広く国民とのリスクコミュニケーションを行い、原子力発電の有する便益とリスクに関し国民のコンセンサスを得る活動を推進する。

（解説）国および事業者は、原子力発電の便益と原子力発電の持つリスクについて、広く国民とのコミュニケーションの場を設け、継続的にコンセンサスを得ることに責任を持つこと。さらに、原子力を専門とする科学者、技術者も便益を享受することに〝絶対安全〟はなく、何処までリスクを受容出来るか常に国民と対話を続けることである。

提言5：規制機関は、過酷事故の防止・緩和対策の計画及び検査を規制対象とする。その対策の検討に当たっては、あらゆる内的事象（人的過誤等含む）、自然現象、人為事象に起因する過酷事故を対象から排除せず、規制機関は、専門家及び事業者とともに過酷事故の発生防止と影響緩和のために多種多様な設備等の活用を含めた対応の組み合わせを想定し、実効性ある方策（アクシデントマネジメント）を構築する。

（解説）規制機関は、過酷事故の発生防止と影響緩和のために設置された設備は、既設の設備との組み合わせにより、要求された機能を十分果たすことを遺漏なく検査することが重要であり、かつ、これらの設備について定期的検査を義務づけるべきである。

提言6：過酷事故の防止・緩和対策に対応する安全確保の機能は、共通要因故障を排除した高い信頼

性を確保すること、また、そのためには位置分散による独立性や、安全機能の多様性による独立性の確保などの考慮を行う。

（解説）安全上重要な機器、装置は共通要因故障を起こす可能性を排除するとともに、積極的に異なる作動原理を有するものや配置場所も含めて多様性を要求すべきである。

提言７：アクシデントマネジメントの具体策例としては、恒設設備では対応不可能な事態に万が一至ったとしても柔軟な対応が可能なものとする。このため、可搬式設備、移動式設備（車両に据え付けた設備）を備え、接続口は多重性を持たせるなど、いかなる事態に対しても柔軟に対応できるようにする。

（解説）過酷事故の発生防止と影響緩和のためには、多種多様な設備等の活用を含めた対応の組み合わせを想定し、実効性ある方策（アクシデントマネジメント）を構築する必要がある。一般的に、過酷事故に至るシナリオを想定すれば、それを防止する恒設設備を設計し設備することが可能であろう。しかし、想定していなかった事態の発生や、元々、過酷事故に至るシナリオ自体が思いもよらなかった場合に備え、可搬式設備及び移動式設備を備えておくことは極めて有効であり、推奨されるべきである。無論、それらの実効性を事前に十分確認しておかねばならない。

提言８：事業者は原子力発電所に、原子力発電システムを熟知し、事故時における原子炉の状況を的

確に把握または推測し、適切な判断をし、なすべき作業を指示出来るアクシデントマネジメント専門職を置く。

（解説）専門職は、アクシデントマネジメントに関する専門的な知識や能力を持ち、アクシデントマネジメントの教育、訓練を主導するとともに、必要な設備の設置、人的配置等に関し、所長に直言出来ることとし、万一の事態においては所長を補佐し、所長が判断できる体制とするべきである。

提言９：事業者は、アクシデントマネジメントの手順書を現場で一つひとつ確認して作成し、それに基づき従事者の教育、あらゆる環境下での訓練を徹底する。

（解説）原子力発電に係わる職員は、原子力発電の基礎、特に炉物理、事故時の原子炉挙動、原子力安全に対する基本的考え方は元よりプラント全体の特性を十分に熟知していることが求められる。過酷事故に至る事象に関し、様々なシナリオに沿った対応について教育、訓練を積み重ねることは欠かせない。

提言10：規制機関は、上記に関し遺漏なく検査、監視を行う。また、事業者、規制機関は、それぞれ、あるいは協働して、常に、必要な見直しを行い、アクシデントマネジメントの改善に努める。

（解説）規制機関は、事業者に対して例えば隔年毎に、プラント毎の〝過酷事故発生防止計画書〟の提出を義務付け、自然災害、人為的事象及び内部事象による事故発生の想定、その対策計画および対応訓練の実施状況などについての報告を義務付ける。規制機関は責任を持って審査し、対応を承認する仕組みをつくる。また、事業者は規制の枠内に止まらず、過酷事故に至る可能性のある事象を常に探求し、その対策の構築に努める。

さらに、規制機関は毎年、アクシデントマネジメント専門職による活動報告会を開催し、規制機関、事業者、メーカ、さらに原子力専門家等から適切な助言を受ける場を設けるとともに良好事例を共有することが望まれる。

10　おわりに

「まえがき」に記載したように、本検討会の呼びかけ人である阿部博之氏より東京電力福島第一原子力発電所事故に関する様々な疑問、他の原子力発電所の安全確保についての懸念が示された。

国の地震調査研究推進本部は、今回の東北地方太平洋沖地震を全く想定出来なかったことに鑑み、今後、我が国で発生する地震及びそれに伴う津波に関し最悪のケースを公表した。それによると、東海、東南海、南海トラフが同時に動くとM９クラスの地震の発生が予測されるとし、それに伴う各地の津波高さを提示している。他の地域における最悪のケースの予測も含め、全国の原子力発電所は、それらに基づいてそれぞれ地震動、津波高さを見直し、対応を進めている。

また、東京電力福島第一原子力発電所事故は、未然に防げなかったか、何が足りなかったかについては、２章、３章で過酷事故に対する事前の対応、事象進展時の判断、処置等における根源的な問題に言及した。深層防護のレベル３までの事故時対応の三原則、「止める」、「冷やす」、「閉じ込める」は、過酷事故を防止する上でも大前提となる原則であり、中越沖地震における柏崎・刈羽原子力発電所及び今回の福島第一原子力発電所とも「止める」ことには成功している。今回の事故の起点は、「冷やす」こと、すなわち、冷却機能の喪失にあり、その後の事象の進展も含め、過酷事故の防止及び万一の場合の緩和策に関し、根本的な原子力安全の基本に立ち戻って４〜８章にまとめた。

最後に、二度と過酷事故を起こさないための提言を９章にまとめたが、必要な対策は単なるハードの対応ではなくソフト、すなわち、原子力発電所を運用する人間が精魂込めて真摯に向き合うことの重要性を強調している。

これらの提言においては、原子力発電を運用するに当たって、規制機関、事業者、メーカなどの原子力に係る全ての組織及び個人が原子力安全文化の基本に立脚して、それぞれの立場で安全の確保とリスクの最小化に最善を尽くすことが必要であることを明記した。その上で、原子力発電がもたらす便益とリスクに関して国民と真摯にコミュニケーションを行い、コンセンサスの形成が求められる。

参考文献（本文中に番号で明示した）

参1　国会事故調　東京電力福島原子力発電所事故調査委員会報告書　平成二四年七月五日

参2　政府事故調　東京電力福島原子力発電所における事故調査・検証委員会　最終報告、資料編　平成二四年七月二三日

参3　民間事故調（日本再建イニシアティブ）　福島原発事故独立検証委員会報告書　平成二四年二月二八日

参4　東京電力株式会社　福島原子力事故調査報告書　平成二四年六月二〇日

参5　原子力学会誌　第53巻　第6号　P1-14「東日本震災に伴う原子力発電所の事故と災害―福島第一原子力発電所の事故の要因分析と教訓　二〇一一年六月

参6　原子力安全委員会「発電用軽水型原子炉施設におけるシビアアクシデント対策としてのアクシデントマネジメントについて」（決定）、平成四年五月二八日

参7　通商産業省資源エネルギー庁資料

参8　東京電力株式会社　福島第一原子力発電所のアクシデントマネジメント整備報告書　平成一四年五月

参9　経済産業省原子力安全・保安院「東京電力株式会社福島第一原子力発電所事故の技術的知見について（中間取りまとめ）」平成二四年二月

参10　原子力災害対策本部　報告　平成二三年九月「国際原子力機関に対する日本国政府の追加報告書―東京電力福島原子力発電所の事故について（第2報）―

参11　原子力学会誌　第54巻　第1号P45-50、第2号P52-56、第3号P36-42、「原子力施設の確率論的リスク評価の動向と今後の期待」二〇一二年一月、二月、三月

参12　原子力学会誌　第54巻　第3号　P23-27　二〇一二年三月

参13　東京電力株式会社　原子力改革特別タスクフォース　福島原子力事故の総括および原子力安全改革プラン骨子（中間報告）二〇一二年一二月一四日

参14　日本原子力学会　標準委員会　技術資料　平成二五年四月九日　AESJ-SC-TR005「原子力安全の基本的考え方について―第1編　原子力安全の目的と基本原則」

参15　原子力学会　原子力発電所地震安全特別専門委員会　二〇一〇年七月発行「原子力発電所の設計と評価における地震安全の論理」

参16　原子力規制庁　高経年化技術評価高度化事業　平成二四年度報告

参17　エネルギーレビュー　二〇一二年一一月号「原子力発電　読者に伝えたい課題と提言―原子力発電所の寿命―寿命は40年か」

参18　東京電力株式会社「福島原子力事故の総括および原子力安全改革プラン」二〇一三年三月

参19　原子力安全委員会安全目標専門部会「安全目標に関する調査審議状況の中間とりまとめ」平成一五年一二月

参20　(財)原子力安全研究協会格納容器設計基準調査専門委員会「次世代型軽水炉の原子炉格納容

器設計におけるシビアアクシデントの考慮に関するガイドライン」平成一一年四月
参21 エネルギーレビュー　二〇一一年一二月号「原子力発電　読者に伝えたい課題と提言―耐地震と耐津波」
参22「福島第一原子力発電所の事故の概要と30項目の対策案」二〇一一年一一月一九日　奈良林直、GEPR論文
参23 中部電力株式会社「内閣府の津波断層モデルを用いた浜岡原子力発電所への津波の影響に関する安全性評価結果について」平成二四年一二月
参24 保全学「浜岡原子力発電所の津波対策工事について」第11巻4号P24-29　二〇一三年
参25 関西電力株式会社「緊急安全対策に関わる実施状況報告（改訂版、大飯発電所）」二〇一一年四月

用語説明等

①略語

ABWR	Advanced Boiling Water Reactor	改良型沸騰水型原子炉
ADS	Automatic Depressurization System	自動減圧系
AM	Accident Management	アクシデントマネジメント
AMG	Accident Management Guideline	アクシデントマネジメントガイドライン
AOO	Anticipated Operational Occurrences	通常運転時の異常な過渡変化
APWR	Advanced Pressurized Water Reactor	改良型加圧水型原子炉
ARI	Alternative Rods Injection	代替制御棒挿入
ASME	American Society of Mechanical Engineers	米国機械学会
ATWS	Anticipated Transients Without Scram	スクラム不能過渡変動
BWR	Boiling Water Reactor	沸騰水型原子炉
CAMS	Containment Atmospheric Monitoring System	格納容器雰囲気モニタ系（放射線レベルの検出）
CCFP	Containment Conditional Failure Probability	格納容器条件付破損確率
CDF	Core Damage Frequency	炉心損傷頻度
CR	Control Rod	制御棒
CRD	Control Rod Drive	制御棒駆動機構
CRF	Containment Retention Factor	格納容器保持係数（放射性物質の閉じ込め）

CS	Core Spray System	炉心スプレイ系
CST	Condensate Storage Tank	復水貯蔵タンク
DBA	Design Basis Accident	設計基準事故
DBE	Design Basis Event	設計基準事象
DBH	Design Basis Hazard	設計基準ハザード
DD-FP	Diesel Driven Fire Pump	ディーゼル駆動の消火系ポンプ
DECs	Design Extension Conditions	設計拡張状態
D/G	Diesel Generator	ディーゼル発電機
DW	Dry Well	原子炉格納容器内の圧力抑制プール（WW）を除く空間部
ECCS	Emergency Core Cooling System	非常用炉心冷却系
EDG	Emergency Diesel Generator	非常用ディーゼル発電機
EECW	Emergency Equipment Cooling Water System	非常用補機冷却水系
EOP	Emergency Operation Procedure	事故時運転操作手順書［徴候ベース］
EPR	European Pressure Reactor	欧州型加圧水炉
FCS	Flammability Control System	可燃性ガス濃度制御系
FP	Fission Products	核分裂生成物
FP	Fire Protection System	消火系ライン
GPS	Global Positioning System	全地球測位システム
HF	Human Factor	人的因子
HPCI	High Pressure Coolant Injection System	高圧注水系

HPCS	High Pressure Core Spray System	高圧炉心スプレイ系
IAEA	International Atomic Energy Agency	国際原子力機関
IC	Isolation Condenser	非常用復水器
ICRP	International Commission on Radiological Protection	国際放射線防護委員会
INES	International Nuclear and Radiological Event Scale	国際原子力事象評価尺度
IRHRS	Independent Residual Heat Removal System	独立余熱除去設備
LOCA	Loss of Coolant Accident	原子炉冷却材喪失事故
JNES	Japan Nuclear Energy Safety Organization	独立行政法人原子力安全基盤機構
LOFT	Loss of Fluid Test	冷却材喪失事故実験炉
LPCI	Low Pressure Core Injection System	低圧注水系
LPCS	Low Pressure Core Spray	低圧炉心スプレイ系
M/C	Metal-Clad Switch Gear	高圧電源盤
MCCI	Molten Core Concrete Interaction	溶融炉心－コンクリート相互作用
MSIV	Main Steam Isolation Valve	主蒸気隔離弁
MUWC	Make-Up Water System	復水補給水系
NEI	Nuclear Energy Institute	原子力エネルギー協会（米国）
NRC	Nuclear Regulatory Commission	原子力規制委員会（米国）
NUREG	Nuclear Regulatory Commission Report	NRC が発行している原子力関係の規制文書の総称

OECD/NEA	Organization for Economic Cooperation And Development/ Nuclear Energy Agency	経済協力開発機構 / 原子力機関
PA	Public Acceptance	公衆による受容
PBq	Peta Becquerel	ペタベクレル、ペタ＝ 10^{15}
P/C	Power Center	低圧電源盤
PCV	Primary Containment Vessel	一次格納容器
PDCA	plan-do-check-act	計画→実行→評価→改善
PRA	Probabilistic Risk Assessment	確率論的リスク評価
PSA	Probabilistic Safety Assessment	確率論的安全評価
PWR	Pressurized Water Reactor	加圧水型軽水炉
R/B	Reactor Building	原子炉建屋
RCIC	Reactor Core Isolation Cooling System	原子炉隔離時冷却系
RHR	Residual Heat Removal System	残留熱除去系
RHRC	RHR Cooling Water System	残留熱除去冷却水系
RHRS	RHR Sea Water System	残留熱除去海水系
RPT	Recirculation Pump Trip	再循環ポンプトリップ
RPV	Reactor Pressure Vessel	原子炉圧力容器
SA	Severe Accident	シビアアクシデント（過酷事故）
SAM	Severe Accident Management	シビアアクシデント・マネジメント
SBO	Station Blackout	全交流電源喪失

S/C	Suppression Chamber	圧力抑制室（WW と同じ）プール型は別
SEHR	Special Emergency Heat Removal	非常用熱除去
SFP	Spent Fuel Pool	使用済み燃料プール
SGTS	Stand-by Gas Treatment System	非常用ガス処理系
SLC	Standby Liquid Control System	ほう酸水注入系
S/P	Suppression Pool	圧力抑制プール（WW と同じ）
SRV	Steam Safety-relief Valve	蒸気逃し安全弁
TAF	Top of Active Fuel	有効燃料棒頂部
TBq	Tera Becquerel	テラベクレル、テラ＝10^{12}
TMI	Three Mile Island	スリーマイル島原子力発電所
WENRA	Western European Nuclear Regulators Association	西欧原子力規制者協会
WW	Wet Well	圧力抑制プール（S/P、S/C と同じ）

②用語説明

B.5.b	米国原子力規制委員会から出された米国内原子力発電所におけるテロ対策に備えるために対策を義務付けた指示文書。具体的な記載事項のあった添付文章の条文番号(B5条b項(Section B.5.b))に因んでB.5.bと呼ばれるようになった。B. 5. bでは、原子力発電所に全電源喪失に対し、可搬式の電源等の機材の備えと訓練を義務付けている。
Cs-137	セシウムの放射性同位体であり、質量数が137となる。ウラン235などの核分裂によって生成され、30.1年の半減期を有する。一方、質量数が134となるセシウムの放射性同位体、Cs-134の半減期は2.1年となる。
TMI事故	1979年3月28日、アメリカ合衆国東北部ペンシルベニア州のスリーマイル島原子力発電所で発生した重大な原子力事故。原子炉冷却材喪失に伴い炉心溶融に至り、僅かではあるが環境へ放射性物質の放散をもたらした事故で、国際原子力事象評価尺度（INES）においてレベル5と評価された。
アクシデントマネジメント	シビアアクシデントの防止及び万一、シビアアクシデントに至った際に、その影響を緩和するために、施設の設計に含まれる安全余裕や当初の安全設計上想定した本来の機能以外にも期待しうる機能またはそうした事態に備えて設置した機器等を有効に活用することによって行う対応。
安全文化	「原子力施設の安全性の問題が、すべてに優先するものとして、その重要性にふさわしい注意が払われること」が実現されている組織・個人における姿勢・特性(ありよう)を集約したもの。
イベントツリー	システムに不具合が発生したとき、それを補償する各種の安全対策が失敗するか成功するかを網羅的に調べ上げる樹形図のこと。
オフサイトセンター	緊急事態応急対策拠点施設のこと。1999年に発生した茨城県東海村でのJCO事故を契機に法制化された原子力災害特別措置法において、地域住民の安全確保を図るため、国、自治体、事業者、原子力専門家等の関係者が応急対策の検討を効率的に行う拠点としてオフサイトセンターが整備された。

確率論的 安全評価	原子力施設で起こり得る事故・故障を対象として、その発生頻度と影響を定量的に評価する手法。
確率論的 ハザード	ハザードを表現するに当たって、その大きさごとの発生頻度、あるいは、発生頻度ごとの大きさで表現したもの。どの誘因事象も、一般的には大きなものほど発生頻度は低い。
過酷事故	従来の規制機関では「シビアアクシデント」と言ってきたが、原子力規制委員会設置法では「重大事故」とされている。ここでは、一般に分かり易く過酷事故と呼ぶ。シビアアクシデントは、「設計基準事象を大幅に超える事象であって、安全設計の評価上想定された手段では適切な炉心の冷却または反応度の制御ができない状態であり、その結果、炉心の重大な損傷に至る事象」と定義されてきた。結果として、格納容器の隔離機能の著しい低下により放射性物質が環境中へ大量に放出される事態も含まれる。設計基準事象とは、原子炉施設を異常な状態に導く可能性のある事象のうち、原子炉施設の安全設計により炉心の損傷及び敷地外へ異常な放射性物質の放出を伴わない事象を言う。
仮想事故	原子力発電所の設置に先立って行う安全審査の際、その立地条件の適否を判断するための「原子炉立地審査指針」において、重大事故を超えるような、技術的見地からは起こるとは考えられない事故を仮想事故と定義している。この指針では、仮想事故が発生した場合においても、周辺の公衆に著しい放射線災害を与えないことを求めている。放射性物質の格納容器への放出量を原子炉内に存在する量に対して軽水炉では希ガスは100%、ヨウ素は50%と仮定して評価を行う。
ガル	CGS単位系における加速度の単位。1ガルは、1秒(s)に1センチメートル毎秒(cm/s)の加速度の大きさと定義される。
基準地震動	原子力施設の設計において想定する地震動。
機能性化	規制機関の定める技術基準(規制基準)は、要求される性能を中心とした規定(性能規定)とし、それを実現するための仕様には選択の自由度を与える。
クリフエッジ	発電所の一つのパラメータの小さな逸脱の結果、発電所の状態が突然大きく変動すること。

後段否定	多重防護の概念において、後段の防護策を意図的に過小評価すること、あるいは考慮しないこと。
コンセンサス	合意形成。
サボタージュ	破壊活動。
残余のリスク	策定された基準地震動を上回る地震動の影響が施設に及ぶことにより、施設に重大な損傷事象が発生すること、施設から大量の放射性物質が放散される事象が発生すること、あるいはそれらの結果として周辺公衆に対して放射線被ばくによる災害を及ぼすことのリスク。本リスクの最小化が求められる。
シーケンス	進展事象を精緻化し詳細化するという意味。
シビアアクシデント	過酷事故。
手動スクラム	スクラムは原子炉緊急停止(一般に制御棒の重力落下等による一斉挿入)を意味し、一定レベル以上の大きな地震、原子炉出力の異常な上昇等の場合、それを検知して自動的に制御棒が挿入される仕組みになっている。この自動スクラムが働かなかった場合、あるいは運転員が緊急停止する必要があると判断した場合にボタンを押して制御棒を一斉挿入することを手動スクラムと言う。
深層防護	原子炉の深層防護では、レベル１：異常の発生防止、レベル２：異常の拡大及び事故への進展の防止、レベル３：事故の拡大防止と環境への影響緩和、レベル４：過酷事故の防止、万一、発生した場合の影響緩和対策、レベル５：防災。
スクラム	スクラムは原子炉緊急停止(一般に制御棒の重力落下等による一斉挿入)を意味し、一定レベル以上の大きな地震、原子炉出力の異常な上昇等の場合、それを検知して自動的に制御棒が挿入される仕組みになっている。
ステークホルダー	利害関係者。
制御棒	原子炉の出力を制御するために、核燃料のある炉心で出し入れして、出力を調整する棒状または板状のもの。中性子をよく吸収する材料で作られている。

設計拡張状態	設計基準事故としては考慮されない事故の状態であり、原子力発電所の設計プロセスの中で最適評価手法に従って考慮され、放射性物質の放出が許容制限値以内に制限される事故。設計拡張状態はシビアアクシデント状態を含む。
設計基準事故(Design Basis Accident：DBA)	従来の評価指針の「事故」と同じ定義にする。規制委は現在提案中の新安全基準で、「事故」を「設計基準事故」と呼ぶようになっている。「設計基準事故」についても必ずしも統一された定義はない。本来、各設備の設計においては、「設計基準事象」の項で述べたように、設備ごとに異なる設計基準事象が定められる。しかし、一方で、施設全体の安全については、設計基準の内か外かと論じられることも多い。
設計基準事象(Design Basis Event：DBE)	施設及び設備の安全設計及び安全評価のために想定する事象。従来の安全評価では、評価指針において、施設の異常状態(運転中の異常な過渡変化及び事故)を想定して、施設全体の安全性能が十分なことを確認している。また、設計指針において、個々の安全設備について、「設計基準ハザード」(基準地震動や想定津波)もしくは想定する異常状態(運転中の異常な過渡変化、事故及び格納容器設計用想定事象)を想定して、当該設備が所定の安全機能を果たすことを確認していることがある。今後ある範囲のシビアアクシデントまで設計で対処(たとえば、フィルタードベントの設置)することになれば、その時想定するシビアアクシデントも設計基準事象となる。
設計基準ハザード(Design Basis Hazard：DBH)	設計に当たって、この大きさまでのハザードに耐えられるようにしようと想定するハザード。DBHの呼び方は誘因事象によって異なっており、地震動については「基準地震動」、津波については「想定津波高さ」、テロ行為については「設計基礎脅威」と呼んでいる。　なお、ある誘因事象がDBHを超えたからといって、深層防護におけるいわゆるレベル4の事象になったわけではない。たとえば、基準地震動を超す地震動が生じても、地震計によって設計通り運転が停止する以外には、施設が本来有している安全裕度により何の機器故障も起きなければレベル2の事象である。

前段否定	多重防護の概念において、前段の防護策を意図的に過小評価すること、あるいは考慮しないこと。
想定津波	原子力施設の設計において想定する津波。原子力規制委員会(以下、「規制委」)は現在提案中の新安全基準で、津波については「基準津波」と呼ぶようになっているが、本報告書では従来の呼び方を用いる。
多重性	例えば同種の非常用電源を必要な容量以上、複数機備えるなど、予備機・予備システムを設けて、一つが故障しても残った設備が作動すること。
多様性	例えば原子炉を止める方法として、制御棒の挿入と、ほう酸溶液の注入という二通りの方法を設けるなど、異なる機構の設備を複数機備えること。
チェルノブイリ事故	1986年4月26日、ソビエト連邦のチェルノブイリ原子力発電所4号炉で発生した重大な原子力事故。国際原子力事象尺度(INES)において最悪のレベル7(深刻な事故)に分類された事故となった。
独立性	二つ以上の系統又は機器が設計上考慮する環境条件及び運転状態において、共通要因又は従属要因によって、同時にその機能が阻害されないことをいう。運転するためのシステムと安全を確保するためのシステムは、それぞれ独立して機能する設計とし、一方の故障が他方に影響しないことが求められる。
ハザード	各誘因事象の大きさ(あるいは、強さ、高さ)。
バックチェック	遡って調べること。新たな安全基準が策定された場合、既存の機器がその基準に適合するかどうか確認すること。
バックフィット	最新の基準に適合するために、既存の設備に対して最新の技術・知見を取り入れる更新・改造を実施すること。
ヒートシンク	熱の逃がし場。
フィルタードベント	フィルター付き格納容器のベント設備。放射性物質を100分の1から1000分の1に低減することができると言われている。ウェットベントの場合だと、その割合は10分の1から100分の1程度である。

ブローアウトパネル	原子炉建屋の壁にあらかじめ空けられた穴を塞いでいる板。建屋内の圧力が過大に上昇した際に、建屋全体の爆発を避けるために、瞬時に自動的に開いて、圧力を逃がすような構造を有する。
ベクレル	放射能の量を表す単位。SI単位系の一つ。1秒間に放射性核種が1個崩壊すると1 Bqとなる。
ペデスタル	原子炉圧力容器下部空間。
ベント	格納容器下部の圧力制御室のプール水を通して排気するウエットベントと大気に直接放出するドライベントがある。
ペデスタル	原子炉圧力容器下部空間。原子炉ペデスタルの相違を！
メルト・スルー	燃料の溶融が進行し、原子炉圧力容器あるいは格納容器外に漏出すること。
溶融デブリ	燃料の崩壊熱によって溶かされた燃料、燃料被覆管、燃料集合体構成要素や炉内構造物の大小様々な塊。
リスク	危険。不測可能性。
炉心スプレイ系	原子炉の非常用冷却装置として位置付けられる緊急炉心冷却装置の中で、圧力容器の上部から水を散布して、炉心を冷却する装置。高圧炉心スプレイ系と低圧炉心スプレイ系に分類される。
レジリアンス	回復力、復元力。

参考資料

1．東京電力福島第一原子力発電所事故に関する主な文献・報告書

公表日	作成者	報告書名
平成23年5月18日	ONR（英国原子力規制局）	Japanese earthquake and tsunami: Implications for the UK nuclear industry (Interim Report)
平成23年6月7日	原子力災害対策本部(政府)	原子力安全に関するIAEA閣僚会議に対する日本国政府の報告書
平成23年7月12日	NRC（米国:原子力規制委員会）	福島第一原子力発電所事故の考察を踏まえた短期対策タスクフォースによる検討、21世紀の原子炉の安全性を目指した勧告 Recommendations for Enhancing Reactor Safety in the 21st Century (The Near-Term Task Force Review of Insights from the Fukushima Daiichi Accident)
平成23年8月5日	IAEA	国際原子力機関(IAEA)調査団報告書
平成23年9月11日	原子力災害対策本部(政府)	国際原子力機関に対する日本国政府の追加報告書(第2報)
平成23年10月3日及び12月15日	NRC	Prioritization of Recommended Actions to be taken in Response to Fukushima Lessons Learned
平成23年10月11日	ONR（英国原子力規制局）	日本の地震と津波:英国原子力産業への影響最終報告書 Japanese earthquake and tsunami: Implications for the UK nuclear industry (Final Report) September 2011,
平成23年10月20日	原子力安全委員会	発電用軽水型原子炉施設におけるシビアアクシデント対策について
平成23年10月27日	日本原子力技術協会	東京電力(株)福島第一原子力発電所の事故の検討と対策の提言(略称:産業界報告書)
平成23年10月28日	チームH20プロジェクト	福島第一原子力発電所事故から何を学ぶか中間報告

平成23年11月11日	INPO（米国：原子力発電運転協会）	福島第一原子力発電所における原子力事故に関する特別報告書 ・Special Report on the Nuclear Accident at the Fukushima Daiichi Nuclear Power Station（INPO 11-005）November 2011
平成23年12月2日	東京電力	福島原子力事故調査報告書（中間報告）
平成23年12月21日	チームH20プロジェクト	福島第一原子力発電所事故から何を学ぶか最終報告
平成23年12月26日	政府事故調	東京電力福島原子力発電所における事故調査・検証委員会（中間報告書）
平成24年1月3日	ASN（仏国原子力安全規制機関）	仏国原子力発電所の追加的安全性評価報告書（2011.12） Complementary Safety Assessment Report of the French Nuclear Power Plants（European “STRESS TEST”）3 January 2012
平成24年2月28日	民間事故調（日本再建イニシアティブ）	福島原発事故独立検証委員会報告書
平成24年3月6日	カーネギー財団（米国）	なぜ福島事故は防げ得たか Why Fukushima Was Preventable
平成24年3月23日	ANS（米国原子力学会）	福島第一:ANS委員会報告書 Fukushima Daiichi: ANS Committee Report（The American Nuclear Society Special Committee on Fukushima）
平成24年3月6日	カーネギー財団（米国）	なぜ福島事故は防げ得たか Why Fukushima Was Preventable
平成24年3月12日	原子力安全委員会	発電用軽水型原子炉施設におけるシビアアクシデント対策について（想定を越える津波に対する原子炉施設の安全確保の基本的考え方）
平成24年3月22日	原子力安全委員会	発電用軽水型原子炉施設に関する安全審査指針及び関連の指針類に反映させるべき事項について（取りまとめ）
平成24年3月28日	原子力安全・保安院	東京電力株式会社福島第一原子力発電所事故の技術的知見について（中間とりまとめ）

平成24年6月14日	ASME（米国機械学会）	新しい安全概念の構築 Forging a New Nuclear Safety Construct（The ASME Presidential Task Force Response to Japan Nuclear Power Plant Events）
平成24年6月20日	東京電力	福島原子力事故調査報告書
平成24年6月26日	ASN（仏国原子力安全規制機関）	ASN's 2011 report on the state of nuclear safety and radiation protection in France: “there is a before and an after Fukushima” 26 June 2012,
平成24年7月5日	国会事故調	東京電力福島原子力発電所事故調査委員会報告書
平成24年7月5日	原子力安全・保安院	原子力の安全に関する条約第2回特別会合日本国国別報告
平成24年7月23日	政府事故調	東京電力福島原子力発電所における事故調査・検証委員会報告
平成24年8月3日	INPO（米国:原子力原子力発電運転協会）	福島第一・福島第二原子力発電所の事故から得た教訓 Lessons Learned from the Nuclear Accident at the Fukushima Daiichi Nuclear Power Station（INPO 11-005 Addendum）
平成24年8月27日	原子力安全・保安院	発電用軽水型原子炉施設におけるシビアアクシデント対策規制の基本的考え方について（現時点での検討状況）
平成24年9月18日	原子力安全委員会	原子力安全委員会の廃止に際して：安全委員会の福島事故後の対応のまとめ
平成25年2月6日	原子力規制委員会	発電用軽水型原子炉施設に係る新安全基準骨子案について ①新安全基準（設計基準）骨子案 ②新安全基準（シビアアクシデント対策）骨子案 ③ 安全基準（地震・津波）骨子案

（注）上記の文献、報告書は、本報告を作成するにあたってすべてを参考とし、あるいは引用したことを意味するものではない。

２．福島第一原子力発電所事故関係文献情報総合サイト

・福島第一原子力発電所事故報告書まとめ（東京大学 WEB　PARK）

http://park.itc.u-tokyo.ac.jp/tkdlab/fukushimanpp/

・3.11 原子力事故参考文献情報（(独) 日本原子力研究開発機構）

http://jolisfukyu.tokai-sc.jaea.go.jp/ird/sanko/fukushima_sanko-top.html

(注) 上記の情報総合サイトは、参考とし示した。